NOUVEL ESSAI

SUR

LA FEMME.

Ouvrages du même Auteur.

Un mot sur le *Mérite des Femmes*.

Nouvelles Observations pratiques, importantes &
curieuses sur la *Vaccine* en particulier & sur l'Art de
guérir en général.

Nombre d'Articles critiques, littéraires & médicaux ,
insérés dans les trois premières années de la Bibliothèque
française.

NOUVEL ESSAI

SUR

LA FEMME,

CONSIDÉRÉE

COMPARATIVEMENT A L'HOMME,

PRINCIPALEMENT

Sous les rapports moral, physique,
philosophique, etc.,

Avec des applications nouvelles à sa *pathologie*.

Par le Docteur G. JOUARD.

Laudatur et alget.

A PARIS,

CHEZ {
L'AUTEUR, rue Neuve du Luxembourg, N° 145,
au coin de celle St Honoré, maison de l'Apothicaire.
PONTHIEU, Libraire, place St Germain-l'Auxerrois,
à la Bibliothèque des grands Hommes.
CROCHARD, Libr., rue de l'Ecole de Médecine, N° 36.

AN XII —— 1804.

A U

BIEN OU MALVEILLANT LECTEUR.

Ce qu'étaient les Saturnales pour les esclaves chez les Romains, chez-nous les préfaces le sont pour les auteurs. Elles les rendent maîtres pour un moment de dire tout ce qu'il leur plaît. Je crois que les bons serviteurs n'usaient guère de cette belle prérogative; ils savaient que bientôt l'ordre serait rétabli, et que le mieux était de ne pas l'intervertir. Les anciens écrivains ne paraissent pas non plus avoir beaucoup donné dans les jouissances anticipées, et si souvent illusoires des *préfaces*, des *avant-propos*, des *discours préliminaires*, des *avis* à qui n'en demande pas, etc., lieux communs où l'amour-propre s'en donne à *cœur-joie*, même en faisant parade de modestie. Ces bons anciens, *qui cependant avec nous ne seraient que d'un jour*, savaient

I

quelques vérités, et entr'autres celle-ci, qu'aucuns rusés et délicats contemporains regarderont comme triviale : *à l'œuvre on connaît l'ouvrier*. Bien plus, ils la mettaient en pratique. Ainsi pour faire connaître *l'ouvrier*, ils se contentaient de présenter *l'œuvre*. Nous ne voyons pas qu'*Homère*, par exemple, en ait agi autrement. Au reste, soit dit par parenthèse, il a eu très-grand tort, nous aurions peut-être su par-là et à l'aide de quelques phrases détournées, de quel *musée*, de quel *athénée*, de quel, etc., et sur-tout de quel pays il était, ce qui aurait évité un procès interminable. *Hippocrate*, *Aristote*, *Cicéron*, *Virgile*, *Horace*, *Pline*, *Sénèque*, *Plutarque*, etc., tous grands hommes qu'ils étaient (et qu'ils sont, dit-on, encore aujourd'hui qu'on a si fort changé de manière de voir sur ce qui constitue le *grand-homme*), ont cependant fait la même sottise, qui heureusement n'a pas eu une suite aussi fâcheuse par rapport à eux. Fort de tels exemples, quoique nul exemple doive engager à mal faire, je dirais bien que j'aurais voulu ne pas user du *droit de préface*, de ce droit précieux et si heureusement imaginé par les modernes qui ont rafiné sur tout;

mais cela ne m'est pas possible. Je mentirais à ma conscience, et bien que je sois homme et *novice écrivain, mentiri nescio*; peut-être alors que j'aurai l'honneur ou la hardiesse de rayer *l'épithète*, je serai moins scrupuleux; pour cette fois je l'avoue donc franchement, j'ai un trop grand besoin, ou une trop grande envie d'épancher mes secrets dans le sein du lecteur, toujours confident malgré lui des auteurs, pour ne pas profiter du bénéfice de la coutume. Néanmoins tranquillisez-vous, ami ou ennemi, bien ou malveillant lecteur, je vais faire ensorte d'être le moins long possible. Mais quoi qu'il m'arrive de vous conter, persuadez-vous bien qu'il ne dépendait que de moi de vous en conter davantage; par ce moyen vous aurez encore à vous louer de ma discrétion, et ma préface vous paraîtra toujours très-courte : qualité essentielle; car une longue préface vous ennuyerait, si, par le plus grand des hasards, vous vous décidiez à la lire; ou si, comme c'est le plus ordinaire, vous la laissiez de côté, elle vous ferait perdre une partie *de votre argent*, en diminuant d'autant le volume que vous auriez cru acheter (puisque ce n'est maintenant, comme bien vous savez, que par le numéro de la dernière page qu'on apprécie les livres, et par la grosseur et le nombre des volumes qu'on apprécie les ouvrages); ce qui ne manquerait pas de vous indisposer tout d'abord contre moi. C'est alors qu'il n'y aurait plus d'alternative dans le titre dont il me serait permis de me servir en m'adressant à vous, cher lecteur, à vous qui, quel que bienveillant, ou pour peu malveillant que vous soyez, ne pouvez manquer que d'être mal prévenu en ma faveur, en me voyant reprendre hardiment sous un autre titre un sujet qui vient d'être traité, et en apparence épuisé par un *jeune philosophe*, qu'on peut en toute assurance compter au nombre des plus *grands Polygraphes* brillans dans l'aurore de ce siècle, et qui l'avait déjà été par une foule d'hommes pour le moins aussi célèbres que celui dont je parle. D'ailleurs ce jeune philosophe aussi plein de goût que de sagesse, leur a rendu un si grand hommage, et au public un si grand service en laissant tous ces hommes figurer seuls dans son grand ouvrage, où il ne paraît que pour montrer et coudre ensemble (bien ou mal, peu m'importe, c'est votre affaire) les pièces de rapport que chacun d'eux lui fournit, que c'est de ma part une témérité approchant beaucoup de la folie, de chercher à placer un mot après toutes les phrases qu'il leur fait répéter. Comment me disculper? car vous ne manquerez pas de me demander à quoi bon *cette esquisse hachée, quand il nous est arrivé un immense et parfait tableau?* Me voici, j'en conviens, dans un grand embarras. Mais comme il est reçu d'éluder les questions embarrassantes (quand nous parlons au lecteur qui n'est pas là pour nous serrer de près), je vais, puisque c'est l'usage, essayer, s'il est possible, de me tirer d'affaire en vous proposant moi-même cette question: Que penseriez-vous d'un amateur de paysages, de points-de-vue, etc., lequel, possesseur d'une galerie décorée des chef-d'œuvres des plus grands maîtres en ce genre, les montrerait à tous les curieux comme ses propres ouvrages, et poussant plus loin l'impudence ou le délire, soutiendrait que les lieux qu'il montre sont ses propres domaines, et voudrait en conséquence empêcher tous les voyageurs de les visiter, tous les autres amateurs d'en tracer le dessein? Mais sans attendre une réponse trop claire et trop facile, et abandonnant l'application qu'on pourrait faire à tout objet littéraire, qui est bien certainement un champ libre et ouvert à tout le monde (sauf les effets ultérieurs de la concurrence dont vous êtes le souverain juge, *ami lecteur*), je me fais fort de prouver, non pas que j'aie saisi le premier (je ne parle que du jeune philosophe à moi) l'objet qu'indique mon titre, car il n'indique rien ; mais que j'avais travaillé depuis bien long-tems à *l'histoire naturelle de la femme* (1), et très-certainement avant qu'il s'en occupât, et de plus

---

(1) Car en parcourant tout ce qui a été écrit sur ce sujet, je m'étais aperçu que rien ne remplissait parfaitement ce titre, et que cet ouvrage nous manquait : dès-lors je me proposai d'essayer, mais je ne me promis pas de parvenir à remplir cette lacune. Heureux le *jeune philosophe*, si maintenant elle n'existe plus ! Je l'en félicite bien sincèrement; mais on ne pouvait pas moins attendre de celui qui *a des sentimens élevés, des idées libérales ; qui a ses goûts, ses études, ses connaissances, tous dans le sens de la direction de son siècle ; qui n'est point étranger à la connaissance physique de l'homme, sans laquelle il n'est pas de véritable philosophie ; qui par son zèle philantropique a été engagé* à répéter *avec détail toutes* les idées d'autrui *relatives* à la femme; qui....; mais je ne veux rien ajouter, dans la crainte de gâter ce portrait tracé de main de maître.

que j'en ai envisagé seul le véritable but. Cela m'est très-facile ; et d'abord, pour le premier point, je pourrais attester beaucoup de personnes très-dignes de foi, et dont plusieurs tiennent un rang distingué parmi les médecins et les gens-de-lettres, à qui il y a plus de deux ans je parlai de mon travail, je communiquai mon plan. Je pourrais sur-tout en attester auprès du jeune philosophe un *sien ami* que le hasard amena chez-moi, et qui ayant découvert mon travail, l'en instruisit officieusement, et celui-ci, pour donner plus de fondement à ce que j'ai dit de la facilité et la *promptitude étonnantes avec lesquelles il compile, écrit, imprime et publie* (Voy. *Bib. Fran.*, *an II*), s'est mis aussitôt à compiler, écrire, imprimer, et est parvenu à ajouter trois gros volumes aux nombreux écrits dont il est le parrain. Qu'on est heureux d'avoir sous sa main et à sa disposition une vaste et belle bibliothèque, d'avoir le tems et la patience nécessaire à un copiste! Au reste, c'est actuellement la mode de faire des livres avec ceux des autres, en prenant hardiment çà et là un certain nombre de pages qu'on transcrit exactement. Je me suis déjà élevé plus d'une fois

contre ce nouveau genre de plagiat si impudent
et si commun; quoique personne ne l'ait poussé
aussi loin que le jeune philosophe, j'aurais tort
de lui en faire un crime, et Dieu me garde de
commettre une pareille injustice ! car c'est
avec des intentions pures qu'il l'a fait, et déjà
je l'ai donné à entendre. Par exemple, en écrivant naguère sur un objet physiquement démontré, mais à la démonstration duquel il
n'avait aucunement travaillé, que pouvait-il
faire de plus franc, de plus loyal, de plus utile,
de plus agréable pour le public et pour les
vrais travailleurs, que de ramasser, rassem-
bler le résultat de leurs travaux, *perdu dans
leurs opuscules*, en se contentant d'y mettre
un titre, son nom au dessous, et d'y insérer
ça et là, en stile burlesque, néologique et
souvent barbare, d'inutiles commentaires,
d'insultantes personnalités, de grossières in-
vectives (1) dirigées, non pas exclusivement,
il est vrai, contre l'un des plus anciens et des
plus respectables restes de l'ancienne et si

____

(1) Le tout pour éviter de donner à ses petites additions
*polémiques une manière aride et repoussante qui pourrait
convaincre sans persuader.*

respectable

respectable Faculté de Médecine? En écrivant aujourd'hui sur un objet moins positif, il a poussé le scrupule plus loin, tant il a de délicatesse! puisqu'il aurait bien pu, avec un peu de travail, à l'aide de quelques variations, de quelques inversions, etc., s'approprier une partie de toutes les belles choses qu'il a bien voulu se contenter de copier, rien n'eût été si facile; car, comme je le dis dans un écrit non publié : « Pour tout ce qui tient au moral de l'homme, à son intellect, aux combinaisons métaphysiques des mots pour en obtenir un sens indépendamment d'un objet matériel auquel il s'appliquerait, le cercle des idées s'avance bien d'être parcouru; actuellement il est presqu'impossible que l'homme qui se livre à ce genre, ne se rencontre en divers points, avec beaucoup d'autres qui se sont déjà mutuellement répétés, sans que cela suffise pour qu'on puisse les accuser d'être des compilateurs ou des plagiaires; tous les philosophes, tous les poètes sont dans ce cas : Homère, Moyse, sont eux-mêmes soupçonnés de n'être point originaux.... Quand nous avons une idée, s'il fallait avant de la croire nôtre, nous assurer si elle ne se trouve pas quelque part, où en serions-nous.

nous autres *petits garçons* du siècle commençant? Où en seraient même les grands hommes du siècle passé, les Rousseau, les Voltaire, les Helvétius, les d'Alembert, les Diderot, les Mably, les Raynal, etc., etc.? ils auraient bien pu s'écrier comme nous, en voyant tout ce qu'ont dit, tout ce qu'ont fait les anciens : *Tarde venientibus ossa.* Convenons donc que le plus grand point consiste maintenant dans la manière d'habiller ses pensées. C'est par-là qu'on distingue bien facilement le *plagiaire* qui tronque et travestit pour défigurer son larcin, de l'homme de génie qui s'est rencontré avec l'homme de génie, existant à mille ans ou à mille lieues de lui, mais qui dans ses expressions a apposé le sceau de la propriété et le caractère de l'originalité. » Et c'est ce dont le jeune philosophe eût été bien capable. Sa manière de faire n'a rien qui ressemble à celle d'aucun autre, et il a encore cela d'avantageux, qu'aucun autre ne voudrait imiter sa manière de faire.

Que m'importe tout cela? *Revenons à ce qui vous regarde personnellement : il y a deux ans, dites-vous, que vous vous occupiez de ce sujet, et vous n'avez pas pu faire ce qu'un citoyen M. a bâclé en quelques mois ? peut-on le mieux louer ?* Cela est vrai, cher lecteur ; mais vous en conviendrez aisément, si vous êtes aussi équitable que je le suppose ; pour remplir une tâche entreprise et manquée par tant d'auteurs, il faut observer ailleurs que dans les livres ; il faut vérifier, comparer ses observations. On sent combien une telle marche est lente. Les faits caractéristiques ne se présentent pas tous les jours et à volonté : ajoutez à cela que c'est au médecin et au médecin praticien seul que cette tâche convient, parce que tout autre observateur, quelqu'instruit qu'on le suppose, n'a pas comme lui les moyens de voir les femmes sous tous les rapports possibles. Or, le médecin praticien a très - peu de tems à sa disposition ; cela est même une des causes qui expliquent pourquoi nous avons tant de mauvais ouvrages en médecine, parce que les médecins qui ne pratiquent pas ont tout le tems de rêver et d'écrire toutes les rêveries qui leur passent par la tête, et que celui qui est très - employé ne peut, malgré son desir, faire part de toutes les choses utiles à publier qui lui passent sous les yeux. Je pense que ces objections ne sont pas sans quelque valeur. Mais en tout l'homme aime les jouissances précoces, et voilà pourquoi il lui arrive si souvent de ne rien faire qui vaille. Cependant cette passion ou cet aveuglement doit avoir des bornes ; il faut bien de la vanité ou bien de l'ineptie pour croire qu'on verra mieux, qu'on fera mieux en quelques jours que des génies n'ont vu et n'ont fait en une longue suite de siècles. Car on est d'accord en ce point, que tout ce qu'on a écrit jusqu'à ce jour sur la femme ne nous a pas encore donné une idée claire et précise de ce qu'elle est, si bien qu'on s'est aussi presqu'accordé à la regarder comme un être incompréhensible. On voit bien que je ne parle pas seulement des considérations physiques. Elles sont des bagatelles comparativement aux autres : cependant elles ne laissent pas de prêter encore beaucoup à dire ; car le physique a une bien grande influence sur la manière d'être en général des divers individus. (1)

____

(1) C'est ainsi que parmi les animaux nous voyons toujours leur structure physique avoir un rapport direct avec leur caractère et leur genre de vie ; le fangeux hippopotame, et la plupart des autres pachidermes n'ont-ils

Pour ce qui est du second point, du point essentiel que j'ai osé affirmer, *que c'est moi qui ai seul bien saisi l'objet que chacun de nous a dû se proposer*, mon *opuscule*, en dépit du mépris du jeune philosophe pour les *opuscules*, comparé à *ses trois gros volumes*, le démontre d'une manière incontestable. Je ne parle pas du mérite des deux ouvrages sous les autres rapports, car à raison des tributaires qui, bon gré malgré, ont enrichi *le grand œuvre* dont je ne suis pas et dont je ne voudrais pas être l'auteur, il n'y a pas de comparaison à établir; mais j'entends eu égard au but indiqué, au travail propre de chacun des titulaires; et malgré que je ne présente qu'une très-petite portion du mien, quand je tranche, pour ce petit article seulement, entre le jeune philosophe, à qui j'ai si franchement rendu justice, et moi, en vérité, on ne peut pas appeler cela de l'*amour-propre*. Les personnes qui me con-

---

pas la peau plus ou moins dénuée de poils qui auraient pu leur être très-incommodes avec leur goût pour se vautrer dans le limon des marais? et l'écailleux pangolin ne semble-t-il pas conformé de manière à pouvoir hardiment attaquer toute une fourmillière?....

naissent me vengeront du moindre soupçon à cet égard, parce qu'elles savent que moi-même je me juge sévèrement; mais en m'humiliant toujours et par trop devant le jeune philosophe, je finirais par avoir l'air d'un mauvais plaisant; or comme ce n'est pas du tout mon intention, je continue d'aussi bonne-foi que j'ai commencé, et je dis : de deux choses l'une; ou le sujet que nous avons pris, a été traité convenablement, ou le contraire a lieu : dans le premier cas, à quoi bon s'en occuper encore, pour redonner sans autres différences que celles du *format*, des *caractères*, et des disparates de la *soudure*, ce qui se trouve dans des ouvrages qui sont entre les mains de tout le monde : dans le second cas, même question à faire, et encore mieux fondée, s'il est possible; et n'est-ce pas se mocquer de soi, des lecteurs et du bon sens, de donner pour une *histoire naturelle*, qui doit être un tissu de faits, et de comparaison des faits, tout ce qui a été imaginé par les faiseurs d'hypothèses (qui, à la vérité, sont souvent les hommes de génie : impatiens d'ignorer, ils veulent deviner), les *songes-creux, les galantins écervelés* qui ont parlé des femmes, et qui n'ont cherché qu'à leur plaire, ou à s'amuser et à faire de l'esprit à leurs dépens. Non, non, on en est convenu, les femmes ne sont pas encore connues, et cela par deux raisons majeures, outre celles que j'ai déjà exposées; parce qu'on s'est trop répété, tant pour le mal que pour le bien débité sans mesure sur leur compte; parce qu'il est difficile de trouver un homme assez impartial et placé dans les circonstances convenables pour les observer comme elles méritent de l'être, comme il faudrait qu'elles le fussent pour être bien appréciées. Nous sommes juges et parties, est-il étonnant que nous ayons toujours si mal prononcé et que nous nous soyons toujours si mal comportés à leur égard, lors même que nous avons paru pencher le plus en leur faveur? pour bien plaider leur cause et mériter leur approbation, approbation si désirable et si douce à recevoir, ce ne sont pas des *complimens*, *des fadeurs* et autres *billevesées* de cette espèce, si agréablement balbutiées à tout propos et à toute personne par les mirliflores musqués, et bonnes tout au plus à faire la matière de quelques vers burlesques ou insipides, qu'il faut venir nous raconter ici. C'est principalement à *l'homme* qu'il faut parler, en s'occupant de *la femme*. C'est à lui qu'il faut en offrir le tableau. S'il fait impression sur lui, on aura assez fait pour elle, et le sort malheureux de la majeure partie de ce sexe tant étudié et si mal connu, tant aimable et si peu aimé, changera bientôt. Dieu puissant ! *fac ne ventis verba profundam !*

Que l'on juge donc d'après cela, si c'est du fond d'une bibliothèque, entouré de quelques livres, et d'un jour à l'autre, qu'on peut revoir toutes les pièces du grand procès qui existe de tems immémorial entre les deux sexes, et placer les parties dans une situation respective convenable pour pouvoir s'entendre et s'accorder mieux à l'avenir; car tel devrait être le but et tel serait le résultat heureux de l'*histoire naturelle de la femme*, considérée comme j'ai fait et traitée comme j'aurais voulu faire. En effet, ainsi qu'on pourra s'en assurer, ce n'est pas l'éloge des femmes que j'avais exclusivement en vue. Un recueil de vers, œuvre d'un de nos meilleurs poètes actuels, nous a appris, malgré la grande vogue que lui a procuré son titre (1), ou qu'il restait bien peu à dire à ce

____

(1) Car aujourd'hui le titre fait tout pour la vente, comme la *grosseur* du volume pour le prix.

sujet,

sujet, ou qu'il est très-difficile à bien traiter (1).
Ce n'est pas non plus leur critique que je voulais faire. J'ai dit que je ne savais pas mentir,
je sais encore moins calomnier. C'est la vérité
que j'aurais voulu découvrir et proclamer. Si
elle eut été flatteuse pour les femmes, ce qui,
je pense, serait arrrivé le plus souvent, je me
serais fait un devoir de prouver, mais par de
simples citations, et non par l'emprunt illicite
de pages, d'articles, de chapitres entiers, que
je ne suis pas tout-à-fait le seul qui leur ait
rendu justice, quand par fois elle aurait eu

---

(1) C'est ce qu'un journal a bien prouvé il y a quelques
jours, dans le jugement qu'il en a porté sur la huitième
ou neuvième édition, lequel jugement se trouve presque
mot pour mot conforme à ce que j'avais osé en dire quand
la première édition parut. Mais alors attaquer cet ouvrage
était un sacrilège, un crime de *lèse-galanterie*, et presque
un attentat révolutionnaire. Son titre imposant le défendait
contre toute attaque; on ne pouvait concevoir qu'il fût
possible de séparer le mérite des femmes de celui du
poëme; et je crois que le moindre mérite de l'auteur n'est
pas d'avoir eu l'adresse de rendre cette cause commune.
Il y avait dans cette petite spéculation commerciale plus
de profondeur de jugement, plus de connaissance du cœur
ou de l'esprit de la femme, que dans tout l'ouvrage. (Voy.
mon mot sur *le Mérite des Femmes*).

quelque chose de pénible, de désagréable, je n'aurais pas cherché à l'éviter par des détours; mais je n'aurais pas non plus adopté le langage de ce sarcasme insultant et méprisable dont elles ont été si souvent le trop malheureux objet, et qui est toujours mis à la place de la raison dont l'homme s'est servi rarement en parlant de la femme, plus rarement en agissant à son égard. Je suis loin de croire que j'eusse réussi; mais je crois fermement que j'avais pris la seule route, celle de l'observation, qui puisse, encore à présent, faire espérer le succès. Je suis persuadé qu'elle m'aurait fourni des matériaux qui auraient été de la plus grande utilité entre des mains plus habiles, telle par exemple que celles du jeune philosophe. Ceux que j'ai déjà amassés en font foi. On peut voir si c'est à tort que j'avance ceci, par le petit *échantillon* que j'en offre. La rapidité et la *facture* du travail du jeune philosophe ont donc indiqué qu'il n'en avait pas bien connu ni digéré l'idée, et c'est pour les bons juges une forte induction à croire qu'elle pourrait bien effectivement ne pas être de sa conception, et qu'il a un peu justifié certain apologue. Ne serait-il pas permis de revendiquer

une semblable propriété quand on le fait bien
pour des farces comiques, des applications de
procédés mécaniques très-connus, etc. Quoiqu'il en soit, faut-il s'étonner qu'avec la manière de voir que je viens de manifester, si
opposée à celle de beaucoup de travailleurs
actuels, j'aie marché si lentement et que j'aie
été devancé ? Bien plus, instruit des desseins
du jeune philosophe, de ses grands efforts pour
me gagner de vîtesse, je l'ai laissé courir seul
la carrière. De même que la bonne mère pré-
féra voir son enfant passer en des mains étran-
gères plutôt que de n'en avoir que la moitié ;
j'ai mieux aimé lui abandonner toute la gloire
d'une telle entreprise, plutôt que de la partager avec lui au même prix. J'aurais même
gardé à cet égard un absolu silence, sans les
circonstances particulières qui m'ont entraîné
dans l'obligation de présenter à la hâte quelques vues sur un sujet qui m'était un peu
familier, et sur lequel j'avais publiquement
annoncé que je travaillais. (Voy. *mes observations sur la vaccine*). Mais cette annonce ne
suffisait pas pour me disculper de l'accusation *de
plagiat, d'escroquerie littéraire*, et quoique
j'aurais pu avoir quelque chose qui se trouvât

dans l'ouvrage du jeune philosophe, sans que ce fût lui que j'eusse volé (1), il a fallu déduire mes raisons : je l'ai fait. Maintenant pour plus ample éclaircissement, voyez ce petit *échantillon*, ce faible essai; comparez-le à l'arlequinade donnée sous le titre d'histoire naturelle de la femme, prononcez; et si votre décision m'apprend que vous ayez reçu avec un peu de bienveillance ces fragmens détachés et pris presqu'au hasard dans un grand amas d'observations sur un sujet qui, quoiqu'on en ait déjà dit, prêtera toujours à dire quelque chose d'intéresssant, et qui, quoiqu'on puisse encore en dire, sera toujours plus intéressant par lui-même, alors un peu plus hardi, *cras altera mittam.*

____

(1) La *note* de la page 8 et certaine façon de s'exprimer, qui se remarque à la pag. 11, empêcheront que je ne sois entièrement à l'abri de ce reproche ; mais j'espère qu'il pardonnera ce petit larcin en faveur du motif qui l'a fait commettre.

INTRODUCTION.

Tous les ouvrages, de quelque peu d'importance ou de valeur qu'ils soient en eux-mêmes, veulent de l'ordre dans leur exécution, et une division méthodique des matières. Mais tous les sujets n'en sont pas également susceptibles. De même que les rouages d'une machine très-compliquée sont d'une manière plus ou moins directe, unis et liés entr'eux; de même qu'ils s'entraînent mutuellement, se meuvent les uns par les autres, et semblent, par la combinaison de leurs mouvemens, la complication de leur action réciproque, s'opposer à ce qu'on ne les observe isolément; ainsi les différens et nombreux *systêmes organiques* qui entrent dans la composition des corps vivans, leurs fonctions simultanées, et presque toutes dépendantes les unes des autres, semblent ne permettre aucune séparation ou distinction dans leur examen. Néanmoins comme chacun de ces rouages mécaniques, chacun de ces organes ou systêmes d'organes naturels a son centre particulier de mouvement, sa sphère d'activité propre qu'on peut, jusqu'à certain point, saisir seule et mettre à part en faisant abstraction des irradiations reçues ou données pour le maintien du mouvement général. Ce n'est qu'à l'aide d'une semblable abstraction qu'on est parvenu à pénétrer quelquefois bien avant dans l'admirable labyrinthe de la nature, où tout diffère et tout se rassemble, où tout se confond et tout est distinct. C'est d'après cette considération, qu'en reconnaissant et avouant pour avance que dans l'étude de l'espèce humaine, plus que dans celle d'aucune partie de la physique, tout se touche, se tient et s'enchaîne, j'ai cependant cru pouvoir séparer et comprendre sous les divers chefs suivans les objets qui doivent être *traités* dans cet essai.

PREMIÈRE SECTION.

Considérations sous le rapport physique.

SECONDE SECTION.

Considérations sous le rapport anatomique.

TROISIÈME SECTION.

Considérations sous le rapport physiologique.

QUATRIÈME SECTION.

Considérations sous le rapport moral et philosophique.

A la suite de ces quatre sections il s'en pré-
sentait naturellement une dernière, qui aurait
renfermé les considérations sous le rapport *pathologique*, spécialement traitées. Elle forme
une des plus grandes parties de mon ouvrage
sur l'*histoire naturelle de la femme*. Mon intention était bien d'en insérer aussi un extrait
dans cet essai; mais les développemens considérables que, pour être prouvée, la doctrine que
j'y établis exige indispensablement, ne pouvant
trouver place dans un écrit du genre de celui-
ci, je me suis contenté quand l'occasion l'a
permis, d'insérer çà et là ce qui a pu en être
détaché.

ERRATA.

Par la négligence de l'imprimeur (le Cit. Hugclet), pour la correction des fautes, même celles purement typographiques, notées sur les épreuves, il s'en est glissé plusieurs que le lecteur rectifiera facilement. Nous nous contentons donc d'indiquer celles qui interrompent ou changent tout-à-fait le sens. Ainsi on trouve *page* 12, *ligne* 7, une plus, *pour* d'une plus. *Page* 16, *ligne* 23, qui le possède, *pour* qui les, etc *Pag.* 21, *lig.* 18, *ni quibus quo defendi, aut*, pour *in quibus quo defendi corpus aut. Pag.* 25, *lig.* 8, *sont personnel*, pour *sont communs. Pag.* 34, *lig.* 8, peu d'action ou qu'ils, *pour* peu d'action, parce qu'ils. *P.* 68, *lig.* 12, dans l'organisation, *pour* de l'organisation. *Pag.* 79, *l.* 8, le *systéme lymphatique*, tous, etc. *pour* le *systéme lymphatique*, tout, etc. *P.* 84, *l.* 1ʳᵉ, par le, *pour* sur le. *P.* 92, *l.* 25, ne le faut, *pour* ne le font. *Pag.* 96, *lig.* 15, qui formant, *pour* qui forme. *Pag.* 126, *lig.* 11, qu'elle doit étre, *pour* qu'elle doit d'étre. *Pag.* 128, *lig.* 27, tous les âges, *pour* chaque âge. *Pag.* 133, depuis la *lig.* 9 jusqu'à la *lig.* 13, *lisez* : les animalcules, les molécules organiques (qui ne sont, n'en déplaise à leur immortel auteur, qu'un travestissement des *homœoméries* ou *parties similaires* d'Anaxagore, ou *des atomes animés* de Démocrite), etc., etc., je... *Pag.* 145, *lig.* 1ʳᵉ, *lisez* : d'imaginer, de dire et de faire contre les femmes. *Pag.* 166, *lig.* 17, idée comparativement, *lisez* : idée comparative. *Pag.* 194, *lig.* 9, à la place de ces mots, et pire mille fois que, etc., *lisez* : et qui surpasse tout ce qu'on peut imaginer de plus atroce, etc.

PREMIERE SECTION.

CONSIDERATIONS

SOUS

LE RAPPORT PHYSIQUE.

Examen des principaux caractères extérieurs qui distinguent la Femme.

PAR considérations *sous le rapport physique*, attachant une expression particulière au mot *Physique*, j'entends le résultat des observations qui, bien que faites avec les divers moyens de perception que nous ayions, dépendent de l'inspection extérieure, sans pénétrer plus profondément par

A

aucun moyen accessoire fourni ou par les instrumens, ou par les expériences, ou par le raisonnement. Il est naturel de s'occuper d'abord de ces considérations, puisqu'elles sont les premières qui frappent nos sens, & comme *les avant-coureurs* de toutes les autres dont elles nous ouvrent la route.

Ces considérations sont très simples en apparence, puisqu'elles n'ont pour objet, que le *phénomène* de la structure & des formes extérieures, & que me restreignant encore davantage, je veux, ainsi que l'exige mon sujet, & autant qu'il me sera possible, borner mon examen aux différences qui existent sous ce rapport entre l'homme & la femme; car les caractères généraux de celle-ci, étudiée comme individu de l'espèce humaine, sont du ressort de *l'histoire naturelle de l'homme en général;* mais ses caractères particuliers ne peuvent être bien saisis qu'en les mettant en parallèle avec ceux propres à ce dernier, & c'est ainsi que je ferai toujours en sorte de procéder dans tout le cours de cet essai.

Dans tous les genres d'animaux à qui la nature a donné deux *êtres*, ou deux sexes distincts & séparés, mais dont l'existence simultanée & *l'union physique* sont nécessaires pour le complément & pour la reproduction de l'espèce, ces *êtres* sem-

blables à beaucoup d'égards, diffèrent à beaucoup
d'autres & sont aussi différemment désignés, l'un
sous le nom de *mâle*, l'autre sous le nom de
femelle. Cependant, ainsi que je viens de le
dire, les considérations qui résultent de cette dis-
similitude chez ces animaux semblables dailleurs,
sont très simples en apparence & le sont en effet,
parrapport à la plupart des autres espèces, dont les
individus de chaque sexe (dans celles qui jouissent
séparément, comme l'espèce humaine, de ce
double mode d'existence) ne présentent entre
eux; & en grande partie momentanément (1),
que les différences les plus essentielles à la
diversité des fonctions auxquelles ils sont appelés
pour la propagation. Qui doute au contraire
qu'entre l'homme & la femme il n'existe des
différences très nombreuses & très marquées,
indépendamment de celles fournies par les organes sexuels, & que pour cela, on peut nommer
génériques. Quoique celles-ci soient les plus
essentielles pour la distinction des individus à
la première inspection, l'existence des autres
est néanmoins très importante, puisque leur

____

(1) A cela près des organes sexuels, & nous verrons
dans la suite que ce n'est pas leur présence même qui
constitue les caractères les plus tranchés qui existent
dans chaque sexe en particulier.

ensemble constitue le caractère général des sexes
& que leur confusion ou mélange forme un
monstre vrai sujet d'horreur pour chacun d'eux,
qui le repousse également. Leur connaissance
aussi n'est pas moins importante, puisqu'ainsi
que je le démontrerai en son lieu, ces différences ont sur les rapports soit naturels, soit
sociaux, des deux sexes entr'eux, bien plus
d'influence que n'en ont, vus isolément, les
organes de la génération par l'effet seul de leur
présence ; au point même, que trompé sans
doute par ce dernier apperçu, un auteur très
moderne & encore plus célèbre par ce qu'il
promettait que par ce qu'il a fait, a refusé à ce
organes toute espèce d'influence, tant au *mo-*
ral qu'au *physique*, sur l'organisation & la
manière d'être de l'individu qui en est pourvu ;
opinion bien différente de celle que je viens d'é-
mettre ; opinion si évidemment fausse & si facile
à prouver telle, que ce qui la rend en quelque
façon le plus extraordinaire, c'est d'avoir eu un
semblable inventeur ; car je ne crois pas qu'avant
lui personne en ait donné la plus légère idée.

De tout ce que je viens d'exposer il résulte que
et article, de peu d'intérêt au premier aspect,
n'est cependant pas le moins délicat, ni le moins
difficile à traiter, & qu'il ne serait pas non plus,
on veut y faire attention, le moins curieux

hi le moins important, pourvu toute fois, ce qui est au-dessus de mes forces & hors de ma présomption, pourvu, dis-je, qu'il fut convenablement présenté & approfondi, étant comme la source principale d'où découlera presque tout ce que nous aurons à dire par la suite.

La plupart des animaux, ai-je dit, de même espèce, mais de sexes différens, ne présentent entr'eux que les *dissimilitudes* qui dépendent essentiellement de la diversité des fonctions aux quelles ils sont appelés pour la propagation, c'est-à-dire physiquement parlant, celles déterminées par les organes sexuels mêmes. Ce n'est pas une assertion générale que je donne ici, parce que plusieurs espèces semblent s'y opposer; mais fussent-elles plus nombreuses encore, elles ne pourraient faire le fondement d'une exception; les plus grandes différences qu'elles laissent appercevoir n'étant rien comparativement à celles qu'on rencontre dans l'espèce humaine, quoique presque toujours elles portent sur des objets plus frappans au premier abord. Ainsi, en secouant légèrement les flots de sa volumineuse crinière, le lion ajoute à la majesté de sa stature; en la hérissant il ajoute à la crainte qu'inspirent ses terribles rugissemens, & près de sa femelle il peut alors paraître d'une espèce particulière. — Dans la femelle du paon on peut ne pas reconnaître au premier aspect la compagne du splendide oiseau de Junon, lorsqu'à ses côtés, étalant avec son amour propre les riches dons qu'il a reçus de la reine des dieux, son magnifique époux, éblouit l'œil du spectateur, & fait honte au sot habitant de l'Inde qui, cherchant à l'imiter, oublie que lui même se distingue de sa femelle par des caractères particuliers plus marqués quoique moins brillans. — N'est-on pas induit en une pareille erreur à l'aspect de l'emblême vivant du courage, à l'aspect de l'oiseau chéri de Mars & des Français, lorqu'au milieu de ses humbles odalisques amoureusement empressées autour de lui, par l'agitation du panache mollement contourné dont s'ombrage sa croupe, il témoigne la satisfaction de son orgueil; ou, lorsque dans un accès de jalousie, sentiment qui le tourmente autant que le premier qu'il manifestait, il abandonne pour un moment son sérail épouvanté, il vole en redressant l'ondoyante & magnifique parure de son col, donner le signal du combat à son hardi rival? — Qui n'aurait vu que la sensible biche, reconnaîtrait-il son agile *fécondateur* dans ce fier animal dont la tête plus altière invite elle-même à admirer un bois qui la décore?..

Voilà, si je ne me trompe, quelques-uns des plus grands & des plus remarquables exemples de ce genre qu'on puisse citer. Cependant il est fa-

cile de s'assurer & de prouver que les différences,
que je viens de faire ressortir le mieux qu'il m'a
été possible, outre qu'il est peu d'espèces qui en
présentent de semblables, sont très peu considérables, & très peu importantes en elles-mêmes,
puisqu'elles ne sont que partielles; qu'elles ne
portent que sur des objets superficiels, très accessoires, qui ne sont d'aucun avantage positif pour
celui des deux individus qui en est pourvu, &
ne tiennent presque pas à l'essence de son être, à
la composition intime de ses parties, à la
structure particulière de ses organes, en sorte
qu'on pourrait jusqu'à certain point l'en priver
sans lui nuire d'une manière notable, & aussi le
priver des organes sexuels, sans empêcher le
développement de ces caractères extérieurs qui
même n'en deviennent quelquefois que plus
sensibles; circonstance digne de remarque.

Il n'en est pas de même entre l'homme & la
femme : non-seulement le premier, dans sa face
plus qu'à demi-cachée par une barbe épaisse &
hérissée, dans sa poitrine & presque tous ses
membres velus, a généralement parlant de ces
objets accessoires, qui, en lui donnant un genre de
beauté particulier, saisi & indiqué en ces termes par le chantre de l'art d'aimer & de combattre l'amour :

Barba viros, hirtæque decent in corpore setæ.

En font en apparence un être d'une toute autre espèce que la femme ; & en les comparant à la plus complète & plus agréable nudité de celle-ci, ils indiquent au premier aspect les différences morales & plus profondes qui existent entre leurs caractères & leurs inclinations :

Hispida menbra quidem et dura per brachia setæ.
Promitunt attrocem animum (1).

---

(1) Remarquous en passant, au sujet de ces citations, comment, selon leur manière de voir propre, plusieurs génies peuvent considérer les mêmes objets sous des points de vue différens, cependant également vrais & quelquefois même se touchant, lorsqu'ils paroissent le plus opposés. Ainsi le spirituel, l'élégant & un peu licentieux amant de Julie, grand partisan des belles formes & habile dans l'art de les peindre, regarde la *barbe* comme l'ornement de l'homme ; & on sait qu'un préjugé généralement adopté prononce contre ceux qui, par une disposition accidentelle, sont plus ou moins complettement privés de ce symbole de la virilité. Le sévère censeur des vices, des débordemens, des fureurs de Domitien, en considérant au contraire la villosité du corps comme l'annonce d'un esprit farouche, d'une âme cruelle telle que fut celle du deuzième César, a peut-être voulu montrer au doigt ce monstre couronné ; & Suetone nous apprend qu'il avait reçu de la nature cette disposition physique extérieure, qui constitue ce qu'on appelle un *bel homme*.

Aussi Virgile pour peindre, & pour faire plus d'impression en peignant le terrible & affreux enfant de Vulcain dompté & abattu par le non moins terrible & peut-être aussi affreux enfant d'Alcmène, n'oublie pas de faire usage des traits que lui fournit cette observation que le satyrique latin peut bien avoir puisé dans ces vers

……….*Nequeunt expleri corda tuendo*
Terribiles oculos, Vultum Villosaque setis
Pectora.

Cependant c'est peu encore, que cette différence, toute frappante, toute manifeste qu'elle soit ; & la femme dans l'enveloppe, dans la disposition extérieure de tout son corps, ne présente pas moins de caractères propres qu'elle ne fait sous ce premier rapport. Il n'est pas une de ses parties ou des régions qui résultent de l'arrangement & l'ensemble de ces parties (quand on ne peut les considérer isolément à l'extérieur) qui puisse être confondue sous le rapport de la forme, de l'aspect, de la grandeur & du volume naturels, avec les mêmes parties ou les mêmes régions dans l'homme.

Une remarque bien essentielle à faire, puisque le fait qu'elle consigne est assez généralement contesté, & n'a pas lieu pour les autres espèces, c'est que ces différences au physique, comme nous verrons qu'elles le font au moral, s'indiquent dès l'enfance, & peut-être plutôt s'il faut en croire le père de la médecine. Mais sans admettre ouvertement avec lui ou nier absolument que la présence d'un mâle ou d'une femelle dans le sein de la mère influe sur la manière d'être de celle-ci pendant la gestation, & se manifeste par quelque signe particulier, il est certain que dès sa formation la femme reçoit de la nature une disposition à un développement moins grand que celui que doit obtenir l'homme, d'où il suit qu'elle nait plus petite que lui, & qu'après avoir acquis tout son accroissement, elle se maintient telle, même dans une disproportion plus considérable que celle qui existait primitivement.

Cette différence originelle est un des principaux points de l'erreur que je viens de relever, laquelle établit qu'il y a, hormis ce qui tient aux organes génitaux extérieurs, similitude parfaite entre les deux sexes à l'époque de la naissance & même jusqu'à l'approche de celle de la puberté, proposition qui est vraie par rapport aux autres animaux, & c'est sans doute à l'observation de ce qui a lieu à cet égard pour eux, qu'elle doit son origine; car on veut tout juger par comparaison, ce qui jette souvent dans de grandes erreurs.

Mais pourquoi les choses se passent-elles ainsi

chez les animaux ? On en sent la raison ; c'est qu'ils ne doivent, au moins pour la plupart, ne présenter jamais entre *mâle* & *femelle*, d'autres différences que celles provenant des organes sexuels ; comment donc pourraient-ils alors offrir les indices de caractères généraux qui annonceraient l'existence future de ceux-ci, puisqu'ils ne doivent pas exister ? Mais au contraire pourquoi en serait-il de même entre l'homme & la femme, puisqu'ils doivent se montrer si différens par la suite ? Comment les changemens qui doivent se manifester un jour pour établir les caractères sexuels généraux s'opéreraient-ils s'il n'y avoit pas eu une impulsion primitive donnée dans le sens de ces changemens ? si cette impulsion a eu lieu elle a donc dû agir au même instant, & si elle a agi, comment admettre que ses effets, quelque peu considérables qu'on les suppose d'abord, soient absolument insensibles ? N'est-ce pas vouloir qu'une chose soit & ne soit pas en même-tems ? Ainsi dans chaque âge, depuis la naissance jusqu'à l'extrême vieillesse, on retrouve dans la femme des caractères généraux qui la distinguent de l'homme du même âge (1).

---

(1) On en a une preuve bien sensible pour ce qui, dans cette assertion, regarde l'enfance, maintenant qu'on habille les petites filles avec des vêtemens pro-

Je dois cependant remarquer qu'il est des animaux qui, sous le rapport des dimensions respectives de chaque sexe, présentent, sinon dès leur naissance, au moins par suite de leur accroissement ultérieur, le même phénomène que l'espèce humaine, c'est-à-dire que chez eux la femelle est une plus petite corpulence; mais cette marche de la nature n'est rien moins que constante & générale ; le contraire même a lieu dans certaines espèces dont le mâle a, pour signe caractéristique, d'être beaucoup plus petit que sa femelle ; quels peuvent en être la cause & l'effet ? je l'ignore... Mais ce que je sais très bien, c'est que de l'infériorité de la structure de la femme & de l'état intérieur de ses organes , état que nous examinerons dans les questions *anatomiques* & *physiologiques* , il résultela plus grande & la plus importante des différences physiques qui existent entre les deux individus de l'espèce humaine ; je veux parler de l'inégalité extrême de leurs forces , inégalité sur l'effet de laquelle sont fondés tous les rapports repectifs, dans lesquels se trouvent les deux sexes ; soit dans l'état naturel, soit dans l'état social, inégalité si fort à l'avantage de l'homme qui en a tant usé & abusé.

---

près aux garçons. Certes les différences de la structure physique générale sont assez sensibles pour qu'il ne soit pas permis de s'y méprendre.

Ce n'est pas seulement une disposition à un développement moins grand en général, que la femme reçoit à l'instant de sa formation, (ainsi qu'on le voit positivement affirmé dans un écrit moderne qui a effleuré cette question; il était cependant de son objet de l'approfondir davantage, n'eut-ce été que pour ne pas insérer une contradiction formelle dans le peu de mots qu'on y trouve à ce sujet) c'est aussi une disposition à un développement particulier de chacune de ses parties; d'où il suit qu'elles ne diffèrent pas avec les mêmes parties de l'homme, simplement par leur moindre volume, mais aussi par leur forme particulière ; & l'influence de cette seconde disposition fait que la première souffre quelques exceptions, le développement particulier se faisant alors en plus du côté de certains organes de la femme, soit pour un but ou par un effet qui ait un rapport plus ou moins direct avec la génération ; soit par une cause qui semble plus étrangère à la précédente & que souvent nous ignorons, pour parler sans *hypothèse* ou sans *hypocrisie scientifique.*

C'est ainsi que dans le premier cas les mamelles, dès l'enfance se dessinent mieux, se prononcent plus sensiblement, laissent entrevoir une aréole plus étendue, plus colorée; un mamelon plus saillant chez la femme, & acquièrent dans la suite de son accroissement, un volume extraordinaire comparativement à celui qu'elles conservent toujours dans l'homme, excepté dans quelques circonstances contre nature. *L'abdomen* a plus d'amplitude naturelle, en sorte que la portion antérieure de sa périphérie est bien plus saillante dans la femme. La partie inférieure du *torse* vue par devant a bien plus de largeur, vue de côté a bien plus d'épaisseur que dans l'homme, & vue par derrière laisse appercevoir un enfoncement plus marqué, &c. (Dans un des articles suivans nous pourrons rendre raison de ces faits, ou du moins en découvrir en partie la cause physique.)

C'est ainsi que dans le second cas dont nous avons parlé, celui d'un plus grand développement de certaines parties chez la femme, la nudité du menton, de la partie antérieure de la poitrine, &c., se trouverait plus que compensée, si l'on pouvait considérer les choses ainsi, tant par la quantité que par la longueur plus considérable des cheveux, ce vêtement naturel de la tête; mais on remarque qu'en général ils ont beaucoup plus de ténuité; proportions gardées, le cou est moins gros, a plus de longueur; la partie antérieure & supérieure de la poitrine est plus saillante, ses parties latérales & inférieures moins écartées; il y a plus de mobilité dans les pièces principales qui la composent sur-tout à la partie antérieure ; d'où il résulte une grande différence dans les mouvemens *respiratoires*. Les principaux organes musculeux appartenant à la première portion des membres inférieurs, sont comparativement plus volumineux & réellement plus proéminens que dans l'homme, d'où nait pour la femme un point de beauté qui chez les grecs donna lieu à une singulière dispute jugée bien singulièrement ; les cuisses, les jambes, sur-tout dans leur partie inférieure, ont aussi, proportions gardées, bien plus de volume que chez l'homme, &c., &c., &c.

Quant aux différences générales que présente l'ensemble extérieur de la femme, ou celles plus ou moins communes à toutes les parties, elles consistent dans une plus grande douceur, une plus grande finesse, une plus grande mollesse, une plus grande transparence, une moins grande villosité, (j'en ai déja fait mention), une moins forte *coloration* de la peau ; qualités qui s'annoncent presque toutes dès l'enfance ; une sorte d'onctuosité particulière de cet organe, laquelle sert à expliquer l'état différent de la transpiration chez elle ; plus de rondeur dans les membres, plus de graduation dans le changement de leurs diverses parties, moins d'élévation, moins d'âpreté dans les saillies qui sont à leur surface ; plus de relief dans la généralité des formes ; ou pour parler d'une manière plus *pittoresque, moins de vide & plus de remplissage* dans la combinaison réciproque, & l'union mutuelle de ses parties dures & de ses parties molles ; plus d'unité, de régularité, de délicatesse dans les traits, &c., &c.

De la coordonnance variée de ces diverses modifications particulières du physique de la femme naît pour elle le plus beau, le plus précieux, le plus fugace & peut-être, le plus imaginaire & le plus terrible présent qu'aient pu lui faire la nature, & les singuliers & souvent inconciliables conventions de l'homme ; présent qu'il n'est pas nécessaire de nommer & que je ne dois pas examiner dans son essence & ses effets si souvent contraires au but de la nature, qui voulait sûrement contre-balancer par ce moyen, les avantages de la force donnée en excès à l'homme. Mais hélas ! que deviennent tous les autres avantages devant ceux de la force ; ils ne sont qu'un appas de plus pour exciter l'envie du fort pour s'en emparer & deviennent pour le faible qui le possède, la cause de son asservissement & de tous les maux qui en sont la suite. L'histoire politique des nations en retrace des exemples à chaque page. L'histoire naturelle des animaux en fournit des exemples dans chaque espèce, & aucune espèce n'en présente un

exemple

exemple aussi frappant que l'homme : & c'est encore un caractère de plus qui fait que la femme se distingue de lui, plus que les autres femelles de leurs mâles, en ce qu'il la tyrannise bien davantage, & presque toujours, d'autant plus qu'elle a plus de quoi lui plaire, & qu'en même tems elle lui est plus soumise & plus dévouée. *Force & beauté,* voilà donc la source principale de toutes les considérations morales & philosophiques auxquelles la situation respective des deux sexes peut donner lieu.

Je dois faire remarquer au sujet du second de ces attributs, qui dépendent l'un & l'autre de la constitution physique, que l'homme & la femme présentent entr'eux une nouvelle différence qui n'existe pas entre tous les autres animaux de même espèce, mais de sexes différens; & lorsqu'elle existe, c'est dans le sens inverse de ce qui a lieu pour l'espèce humaine. C'est-à-dire, que toutes les fois que dans une espèce, l'un des deux individus a dans son organisation extérieure quelque chose qui serve à sa parure, à son embellissement, c'est toujours le mâle qui en est pourvu. Que pourrait-on en conclure ?.... Mais j'oublie que je ne peux maintenant qu'observer les faits.

Les considérations sous le *rapport physique,* doivent comprendre tout ce qui vient frapper nos sens, indépendemment du secours d'aucun moyen artificiel Jusqu'à présent, nous avons parcouru les attributs qui peuvent être saisis par la vue & le toucher ; il nous reste deux autres voies pour faire reconnaître de nouvelles différences entre l'homme & la femme.

Parmi les espèces d'animaux dont les deux individus ont quelque chose de différent dans la voix, c'est toujours du côté du mâle que paraît se trouver l'avantage, qui, souvent est le seul ou le principal signe qui fasse distinguer celui-ci de sa femelle. Dans l'espèce humaine il n'en est ainsi pour aucune des circonstances dans lesquelles on peut envisager ce qui tient à la voix; non que l'homme & la femme ne présentent pas de différences sous ce rapport ; au contraire : mais parce que c'est la femme qui jouit de l'avantage (si ce n'est pour ce qui tient à l'intensité du son qui est bien plus fort chez l'homme; mais la force ne fait pas l'agrément : or ici c'est du côté de l'agrément qu'est l'avantage) soit qu'elle chante soit qu'elle parle. Ai-je besoin de le faire remarquer, & quel homme est assez malheureux pour ne pas avoir en ce moment de douces réminiscences qui lui permettent de répéter avec moi ces paroles du cigne de Mantoue?

Quæ nobis Galathea locuta est!
Partem aliquan, venti, divum referatis ad aures.

Il faut aussi considérer la voix sous un autre point

de vue, celui de la volubilité, la facilité de la parole, avantage moins flatteur que le précédent, &
qui a valu bien des mauvais sarcasmes à la femme;
mais sans m'ériger ici en panégyriste du beau sexe,
ce qui serait déplacé en écrivant son *histoire naturelle*, & sur-tout la partie physique de cette
histoire, il me serait cependant facile de prouver, & j'aurai peut-être occasion de le faire,
que cette disposition est dans l'ordre exprès de
la nature, & a un rapport direct avec la principale fonction de la femme. *C'est donc une de
ses qualités.* Mais fut-ce une imperfection, on
aurait toujours tort, d'après sa source, de la lui
reprocher. Tout le désordre qui en résulte vient
de ce que nous voulons que la femme soit tout
autrement que ne le veut la nature, & qu'elle
fasse tout autre chose que ce que veut la nature.
Malheureusement, elle a cela de commun avec
l'homme, qu'elle est ainsi que lui perfectible en
mal comme en bien.

De même que la plupart des autres corps
de la nature les animaux ont leur atmosphère
odorante plus ou moins sensible selon diverses
circonstances dont l'examen est étranger à mon
sujet. Ce qu'il m'importe de faire remarquer
en ce moment, c'est que dans toutes les espèces
composées de deux individus, l'atmosphère
aromatique de chacun d'eux varie selon le

sexe, ce qui paraît même être un des principaux moyens qu'ils ont de se distinguer réciproquement. Le même phénomène physique s'observe entre l'homme & la femme; on pourrait même croire, si l'homme civilisé n'était un mauvais juge en pareille matière, qu'il est plus marqué du côté de la femme, ce qui peut s'expliquer par la cause particulière de cette distinction chez elle, & par son motif par rapport à toutes les femelles en général. Mais pour décider cette question, il ne faut pas examiner le *fait* entre femme & homme isolément, ni exclusivement dans la société des femmes à toilette, mais bien, ainsi que j'ai eu mainte & mainte fois occasion d'en faire l'expérience, partout où il y a un certain nombre d'individus réunis suivant leur sexe, ou seulement, où se trouvent ensemble quelques femmes, qui, dans la fleur & la force de l'âge, ignorent, négligent ou ne peuvent mettre en pratique un art dont l'excès seul nuit, mais nuit beaucoup plus qu'on ne pense communément, & sous plus d'un rapport, s'oppose à l'effet qu'on en attend & produit celui qu'on n'en attend pas. En voulez-vous la preuve? passez de la ville aux champs, & le résultat de la comparaison qu'on pourra faire, démontrera combien de ces stérilités, de ces affections organiques *utérines*, &c., dont la première fourmille, reconnaissent pour leur principale cause l'abus que je signale ici ; abus qui au reste n'est pas nouveau, ni exclusivement commis par nos délicates & voluptueuses citadines, puisque Prosper-Alpin nous dit en parlant des Egyptiennes, *Ungent vulvam moscho, ambaro, zibetho, ad corrigendum fœtorem & ut coeuntibus concilient voluptatem.* Un autre auteur en dit autant des Américaines indigènes ; & avant eux Sénèque s'était élevé contre la même pratique (1) & aussi, soit dit en passant, contre celle d'aller presque nud, adoptée par les Romaines. (2) Que ferait-il, que

(1) Et avant lui, Cicéron avait prouvé que le même abus lui était bien connu, lorsqu'il se servit de cette comparaison ...... *Sed tamen ornata erant hoc ipso quod ornamenta neglexerant ; et, ut mulieres ideo bene olere quia nihil olebant, videbantur.*

(2) *Video sericas vestes, si vestes vocandæ sunt, niquibus nihil est quo defendi, aut denique pudor possit : quibus sumptis mulier parum liquidò nudam se non esse jurabit.* N'est-ce pas là trait pour trait le tableau de ce qui se passe de nos jours, non pas à la vérité précisément dans le moment actuel où il paroit être du bon ton de s'enfermer la tête dans une vaste, épaisse et lourde capote, de se garnir le cou d'une triple fraise ou de s'affubler d'une tunique qui pardevant atteint le menton, parderrière s'élève au-dessus de la nuque, et dont les manches cachent même l'extrémité des doigts, de se couvrir le sein d'un *fichu de couleur* dont toute l'ampleur se trouve ramassée sur cette partie, &c., sans doute parce que nous sommes dans l'été, et que cet été est des plus chauds ; mais c'est l'hiver que nous verrons reparaître à nud ces belles têtes sans coëffure et sans cheveux, ces belles gorges plus raffermies par la rigueur du froid que par

dirait-il s'il vivait parmi nous? Et cependant
cette dernière mode avait beaucoup moins d'inconvéniens (l'article des mœurs à part) à Rome
qu'à Paris, & je suis persuadé que si elle y
eût fait autant de victimes, les femmes s'y seraient
promptement corrigées & seraient devenues pu-
diques, sinon par vertu de cœur, au moins par
calcul de santé. Mais les nôtres sont aussi bien
aguerries contre un coup de vent glacial, que
contre un coup d'œil indiscret. Les extrêmes
se touchent : elles en fournissent la preuve ; à
force d'art elles sont parvenues à se montrer dans
l'état de la simple nature. Mais est-ce par une
semblable voie qu'elles devraient chercher à s'en
rapprocher? & quand elles seraient assez endurcies
au physique, sont-elles assez pures au moral, pour
en agir ainsi? car l'excessive impudeur est l'apanage
naturel de la plus grande innocence, témoins les enfans, & l'apanage acquis de la plus grande perversité, témoins... Maintenant qu'elles se jugent.

J'ai dit que dans toutes les époques de la vie,
la femme différait de l'homme. Jusqu'à présent je

la fraîcheur de la santé, ces belles épaules, ces beaux
bras destinés à devenir bientôt la proie des *synapismes*,
qui s'efforceront, mais envain, d'y rappeller un reste
de chaleur vitale ; et toutes les autres formes qu'on
devine et qui alors feront plus que de se laisser deviner.... ô mode!... si tu es indifférente en toi-même
ou dans ton objet spécial, en est-il de même de tou
résultat indiréct mais presqu'assuré ?.....

l'ai examinée dans l'âge heureux de son développement & dans l'âge brillant de sa perfection physique. Il est un autre âge, âge de douleur & d'amertume pour elle, âge où les observateurs superficiels & amateurs d'analogies, pourraient être tentés, ainsi qu'ils l'ont fait pour l'enfance, de confondre dans un même tableau les deux individus de l'espèce humaine, car alors l'opposition spécialement sexuelle en diminuant par gradation, mais plus rapidement d'un côté que de l'autre, cesse enfin d'exister. Mais ce qui continue à faire distinguer l'homme de tous les autres animaux & à prouver la vérité de mon assertion primitive, que de toutes les espèces, l'espèce humaine est celle dont les deux individus diffèrent le plus l'un de l'autre, & que ce n'est pas des organes génitaux uniquement & directement, que naissent les plus grandes différences, c'est que si la vieillesse en efface certaines de celles que j'ai signalées en même tems qu'il fait cesser l'empire du sexe & les effets propres ou relatifs de cet empire, elle en amène de nouvelles qui sont loin d'être à négliger dans l'examen, quelque rapide & quelque précis qu'on le fasse, de ce qui tient à *l h stoire naturelle* de la femme. Cependant comme elles dépendent d'un changement intérieur dans l'état de presque tous les organes, & dans le système de leurs fonctions, qu'il est essentiel

B 4

de connaître pour qu'on puisse donner une idée de ces autres différences ; comme leur plus grand & leur plus déplorable effet se manifeste dans le changement du rapport moral de la femme à l'égard de l'homme, je pense qu'il est plus convenable de renvoyer à en parler dans les questions suivantes, à mesure que l'ordre & la marche de matières nous feront rencontrer quelques - uns des divers phénomènes dont elles dépendent. Il me suffira de dire pour le moment d'une manière générale, qu'en prenant presqu'en tout point l'opposé de l'esquisse que j'ai tracée de la femme dans son moyen âge ou dans l'âge passager de sa gloire & de sa splendeur, on aura celle de la femme vieillie sans qu'on ait je le répète, (à commencer par le sens figuré & plein d'opprobre attaché à l'expression) rien de semblable à l'homme vieux , qui , après avoir dans sa maturité usé de toute sa force pour faire perdre à la femme ce qui faisait en elle l'objet de son adoration , semble par une injuste récompense acquérir à mesure que celle-ci perd , & reçoit en quelque façon du tems même une partie de ce que la main trop avide de ce père du néant arrache sans pitié comme sans regret (c'est un vieillard) au plus beau , au plus intéressant & au plus malheureux des ouvrages de la nature.

DEUXIEME SECTION.

CONSIDÉRATIONS
SOUS
LE RAPPORT ANATOMIQUE.

Examen anatomique général des divers systèmes d'organes de la femme, soit pour indiquer ce que la disposition ou modification particulière de ceux qui lui sont personnel avec l'homme a de plus remarquable chez elle, soit pour faire connaître ceux qui lui appartiennent exclusivement.

LES caractères particuliers qui distinguent la femme de l'homme ne se bornent pas à ceux que nous venons d'énoncer. La marche que nous nous sommes tracée nous amène à la recherche de ceux, qui, plus cachés, dépendant de la structure, de la disposition & de l'espèce de ses diverses parties, soit *similaires*, soit *dissimilaires* comparativement à celles de l'homme ; ils ont en général déterminés les premiers qui nous ont frappés extérieurement, il est naturel que leur considération vienne immédiatement nous en montrer la cause, par fois nous en donner l'explication & nous conduise comme par degré à une étude encore plus profonde.

Ce peu de mots indique assez qu'il est question des caractères qui sont du ressort de l'anatomie, & que leur exposition se divise essentiellement en deux parties qui comprennent :

1°. *L'examen anatomique général des divers organes ou systémes d'organes de la femme, pour faire remarquer la modification particulière, chez elle, de ceux qui lui sont communs avec l'homme.*

2°. *L'examen anatomique particulier des divers organes ou systémes d'organes de la femme pour faire connaître ceux qui lui appartiennent exclusivement.*

Aux motifs préliminairement exposés qui me forcent de glisser avec rapidité sur les questions & de n'en parler que d'une manière indicative, il s'en joint un nouveau pour celles-ci, puisqu'elles sont tellement liées dans toute l'étendue de leur objet avec celles de la *section* suivante, que, vouloir en tout point les traiter isolément, ce serait m'exposer à de fréquentes & fastidieuses redites.

ARTICLE PREMIER.

Examen anatomique général des divers organes ou systêmes d'organes de la femme qui lui sont communs avec l'homme.

La femme diffère en tout de l'homme. Je crois l'avoir déjà dit, & c'est ici le cas de le répéter ou de le dire si j'ai omis de le faire.

Pour répondre très exactement à la question présente, il faudrait donc le scalpel à la main & le type ou objet de comparaison sous les yeux, suivre pas à pas chacun des organes de la femme ; on pourrait alors en saisir, & en signaler toutes les différences jusqu'aux nuances les plus légères. Mais un semblable travail, de quelqu'utilité qu'il soit, ne peut être l'objet d'un essai du genre de celui-ci où l'on ne doit présenter que des résultats sommaires.

Ainsi, sans examiner en détail quelle est la structure, la composition, la situation particulière de chaque partie de la peau, de chaque muscle, de chaque os, de chaque vaisseau, de chaque viscere, &c. ; je me contenterai de jetter un coup-d'œil rapide sur chacun de ces systêmes, vu en général, me promettant de fixer un peu plus mes regards sur celles de leurs diverses parties qui me paraîtront spécialement l'exiger ; & toujours dans l'intention de procéder avec un peu d'ordre, je vais commencer par la peau, en faisant précéder ce que j'ai à dire sur *l'état anatomique* de cet organe, d'une réflexion générale qui lui est applicable ainsi qu'à tous les organes *solides-mous* de la femme ; c'est que, chez elle, ces diverses parties, telles que la peau, les membranes, le tissu cellulaire, les fibres musculaires & tendineuses, les nerfs, les vaisseaux sanguins & lymphatiques, &c,

ont, chacune selon sa structure particulière, bien moins de *fermeté*, de *roideur*, de *tonicité* que chez l'homme. Je n'entreprendrai pas ici de rendre raison de ce phénomène non plus que de ses effets; il me suffit pour le moment d'en faire l'observation, à laquelle je dois ajouter que toutes ses parties solides ont une pesanteur spécifique bien moindre que celle de l'homme.

Là Peau. La composition générale, la structure apparente de cette enveloppe continue est maintenant assez connue. Mais chez la femme elle est bien certainement dans un état particulier & tout différent de ce qu'elle est dans l'homme, état auquel on ne parait pas avoir fait beaucoup attention, à cela près de ce qui a été dit de sa plus grande mollesse, de sa plus grande ténuité, de sa plus grande extensibilité, &, ce qui en est l'effet nécessaire, de sa moins grande résistance, de sa moins grande élasticité, sa moins intense coloration, sa plus grande douceur au toucher, &c., qualités dont les modifications particulières dans cet organe ont, pour la plupart, une influence directe & très-sensible sur la *physiologie* & la *pathologie* de la femme.

En outre l'organe dont nous parlons est parsemé d'une bien moins grande quantité d'orifices donnant passage aux poils qui prennent naissance & se nourissent dans son propre tissu, ce qui est sensible même dans les parties, telles que les *sourc ls,* où il semble en être pourvu comme chez l'homme, à l'exception cependant de cette portion recouvrant la partie de la tête qu'on nomme *crâne,* & où sont placés les cheveux, laquelle se nomme le cuir chevelu. Elle offre aussi dans d'autres parties une disposition & un aspect particulier, ainsi que cela se voit aux mamelles, aux organes génitaux externe.

Système cellulaire. —— L'examen anatomique du système cellulaire, cette seconde & plus particulière, plus immédiate enveloppe, ce lien universel de toutes les parties du corps, a de quoi fixer l'attention par l'extrême abondance avec laquelle on le voit se présenter dans les organes de la femme, sur l'état physique & l'action physiologique desquels il influe d'une manière très-marquée ; par sa facilité à se laisser distendre par la graisse, ce qui explique en partie la plus grande rondeur des formes dans la femme, la moins grande densité, la moins grande pesanteur spécifique de ses parties, le grand développement de certaines, d'entr'elles leur affaissement marqué & presque subit dans quelque circonstance, &c. Cependant ce ne sont pas là les plus importans phénomènes qui dépendent de sa présence ou de son action ; aussi n'en n'aurais-je pas fait un article à part, s'il n'eut pas dû reparaître dans la suite en entraînant après soi des considérations bien plus essentielles que les précécédentes.

Le système musculaire. Le principal caractère particulier que présente sous le rapport *anatomique*, le système musculaire de la femme consiste dans le volume des différentes parties qui le composent, lequel est comparativement parlant pour la plupart, & réellement parlant pour quelques-uns, bien plus considérable que dans l'homme jusqu'à certaine époque seulement, après laquelle une disposition absolument inverse s'établit d'une manière aussi remarquable que la précédente. Ce changement arrive lorsque par les progrès de l'âge les parties de l'homme perdant de leur force, de leur résistance, se prêtent à l'engorgement graisseux que d'autres causes facilitent encore, ce qui ajoute à leur torosite naturelle, tandis que les parties de la femme, qui sont naturellement lâches & foibles éprouvant la même perte tombent dans un affaissement sensible, & alors, sans que la quantité des *substances liquides* ou *semiliquides* qui les abreuvent soit moindre, la turgescence vitale & le volume apparent des solides qui en résultait, diminuent manifestement.

La coloration de la substance musculaire est aussi bien moins intense, c'est ce qui, joint à son plus grand amalgame avec le tissu cellulaire graisseux, à sa plus grande laxité en rend la dissection généralement moins belle & plus difficile, & presqu'impossible à l'égard de ces petits muscles qui ne consistent que dans la réunion de quelques fibres.

Il existe aussi dans ce système des différences locales dépendantes de la diversité des organes de la génération, & qui sont fournies ou par quelqu'un de ces organes mêmes ou par les muscles qui leur appartiennent exclusivement.

Les *Systèmes vasculaires*. Sous le rapport anatomique général les divers systèmes vasculaires, pour tout ce qu'ils ont de comparable dans les deux sexes, ne paraissent pas présenter de grandes différences, à cela près de ce qui tient à l'étendue du diamêtre dans les premières divisions, à la ténuité des dernières ramifications, à l'état de force, d'élasticité de leurs parois, &c. objets qui bien certainement, ont chez la femme une modification particulière, dont il serait superflu de s'entretenir plus au long ; tout ce que j'ai précédamment dit en fait assez deviner la nature.

Cependant s'il m'était permis d'hasarder une conjecture, conjecture qu'il ne m'a pas été possible de vérifier à raison de la longueur & des difficultés du travail qu'il y aurait à faire pour cela, mais qui m'a été suggérée par la considération attentive de certains *phénomènes physiques* & *pathologiques* propres à la femme, je dirais que je suis porté à croire que chez elle, le systême veineux est dans une proportion plus grande par rapport au système artériel que dans l'homme, & que le systême *vasculaire lymphatique* n'a pas une prédominance aussi grande, aussi marquée qu'on le pense généralement, surtout, en la mettant, à cet égard, en comparaison avec l'homme: mais les phénomènes particuliers sur lesquels je m'appuie pour oser mettre en évidence, de semblables idées, étant en grande partie du domaine de la *physiologie* & de la *pathologie;* je dois m'abstenir d'en parler en ce moment, & me contenter d'observer s'il n'y a pas quelque disposition physique qui vienne à l'appui de cette double opinion. Or la moindre coloration des muscles, leur peu de force comparée à leur volume apparent, la prédominence graisseusse, qui se fait remarquer jusques dans la propre substance musculaire (1), &c. Ne sont-ce pas là des phénomènes qui militent en faveur du premier point ?

En faveur du second, ne trouve-t-on pas la faiblesse organique des vaisseaux lymphatiques qui n'ont d'activité en quelque façon, qu'en raison de celle que leur prêtent les organes environnans en agissant sur eux ; il fallait donc qu'ils fussent

---

(1) En effet n'est-ce pas quand la surcharge graisseuse se développe chez l'homme que le systême veineux paraît aussi prendre plus d'empire dans *son organisme ?*

le

le moins multipliés possible dans la composition
générale de l'être, dont toutes les parties sont
caractérisées par la mollesse, & abreuvées par une
grande quantité d'humidité. La présence même
de cette infiltration permanente, dans le tissu
cellulaire de la femme, prouve le peu d'activité
de son système vasculaire lymphatique, puisque
sa fonction serait de la faire disparaître en report-
tant sa cause dans le torrent de la circulation.
J'aurai peut-être occasion de développer davantage
cette idée.

J'observerai en outre que la *lymphe* est une
des humeurs animales qui ont le plus de densité,
de pesanteur spécifique, de disposition à se con-
créter, à se solidifier, qui sont le plus *animalisées*,
pour me servir de l'expression *physiologique*.
Or, rien ne prouve qu'une semblable humeur, &
par conséquent le système vasculaire agent de
sa circulation prédomine dans la femme. Je crois
même que si celle-ci ressemble en quelques points à
l'enfant, c'est principalement sous ce rapport, &
que chez l'un comme chez l'autre (soit que cela dé-
pende de l'action particulière ou de la plus grande
faiblesse des dernières ramifications sanguines ou
du mode particulier de la nutrition, ou de toute
autre cause) c'est précisément parce qu'il y a une
disposition manifestement muqueuse ou gélatineuse & adipeuse qui les maintient dans une

sorte d'infiltration permanente, qu'ils sont peu *lymphatiques*, dans le sens précis que les nouvelles lumières sur la nature des humeurs animales doit donner à ce mot ; ou bien on peut établir le raisonnement d'une manière inverse, ce qui ne change rien au fait, & dire que c'est parce que chez eux, quelle qu'en soit la cause, le système vasculaire lymphatique a peu d'action ou qu'ils sont peu lymphatiques, qu'ils jouissent de cette disposition manifestement muqueuse ou gélatineuse & adipeuse qui les maintient dans une sorte d'infiltration permanente & naturelle.

Le systeme nerveux. C'est un fait anatomique incontestable que le syrême nerveux, ne soit, en général dans toutes ses ramifications, & principalement dans son centre, dans son point de réunion ou son origine, le cerveau, moins considérable dans la femme ; & même, comparaison directement faite entre un homme & une femme de même stature, la tête de celle-ci est beaucoup plus petite, la capacité de la cavité du crâne est beaucoup moins grande que ne le comporte le rapport ordinaire des proportions ; il est plus que probable qu'il en est de même pour les différens troncs & cordons nerveux. Comment peut-on dire, répéter, soutenir, avec autant d'assurance qu'on le fait généralement aujourd'hui, que *la femme est toute nerveuse*? Cette question est une des plus curieuses & des plus importantes que l'on puisse examiner à raison du préjugé général qui la défend & qui la rend en quelque sorte inabordable, soit pour la combattre, soit pour la confirmer, tant elle paraît évidente, & par conséquent à l'abri de toute atteinte, comme au dessus de toute preuve nouvelle. C'est cependant ce que je tenterai de faire, lorsque quelques-uns des faits disséminés dans les sections qui nous restent à parcourir, pourront, ainsi que je l'espère, me fournir les moyens d'éclaircir une induction qui, j'en suis persuadé, est regardée comme le plus erroné, le plus incroyable & peut-être le plus insensé des paradoxes. Je desire seulement qu'on se souvienne que *l'observation anatomique* ne lui est rien moins que contraire. S'il arrivait qu'il en fut de même de *l'observation physiologique*, & de *l'observation pathologique*, que faudrait-il en conclure? ainsi par exemple, *l'utérus* en dépit de l'opinion bizarre qui en fait un autre centre nerveux ou second cerveau, ne reçoit que très-peu de nerfs, si l'on doit plutôt s'en rapporter à l'exacte autopsie, qu'à la fantasque imagination. Cependant quel organe présente plus de ces phénomènes extraordinaires prétendus nerveux? Il faut donc nécessairement recourir à une autre cause pour leur explication, ou avouer tout bonnement que c'est encore un mystère. Mais comme un pareil aveu n'a rien de satisfaisant pour les curieux qui écoutent ou qui lisent, ni pour le *docteur* qui parle ou qui écrit, je demanderai, au risque de me tromper, si *l'utérus* n'est pas un organe tout sanguin plutôt que tout nerveux, & si à l'aide du mobile qui met en jeu cette nouvelle considération & dont on voit partout des effets si puissans & si singuliers on ne peut pas aussi bien que par le moyen exclusif des nerfs expliquer ceux que produit l'utérus & qui sont produits au dedans de ce viscère ?

Le syslême glanduleux. Ce système n'étant qu'un composé, une modification particulière des *systêmes* cellulaire, circulatoires & nerveux réunis ; formant en outre une grande partie des *organes viscéraux,* dont nous ne pouvons nous dispenser de nous occuper d'une manière spéciale, ni tarder beaucoup à le faire, je crois devoir me dispenser d'en rien dire en particulier, si ce n'est qu'il porte partout où on le rencontre dans la femme, l'empreinte des qualités que nous avons reconnues exister dans leurs principes ou *matériaux organiques.*

Système osseux. Rien ne prouve mieux que ce n'est pas seulement par les organes sexuels, mais par tous les organes en général, que les deux individus de l'espèce humaine se distin-

guent, que ce qui a lieu pour le systême le plus indifférent, le plus étranger en apparence à l'acte &
à l'œuvre de la génération, lequel ne laisse cependant
pas de présenter chez la femme des carac-
teres particuliers très nombreux, & même tellement importans (ceci à la vérité n'est pas applicable
à tous) que, conformément à ce que je viens de
dire malgré qu'ils n'aient qu'un rapport très indi-
rect & très passager avec la reproduction, leur
absence peut s'opposer à ce qu'elle ait lieu, ou la
rendre bien plus pénible, bien plus laborieuse
qu'elle ne devroit être d'après les intentions de
la nature, & même d'après la peine éternellement
portée, contre l'enfantement. On voit que c'est
du *système osseux* que je veux parler. Il n'entre
aucunement dans la composition des organes de
la génération; il n'a en quelque façon, qu'un role
mécanique à remplir dans l'organisme vital, & cependant ce n'est pas seulement sous le rapport du
moindre volume qu'il se fait remarquer dans la
femme, comme on pourroit le penser d'abord;
c'est aussi sous celui de la densité, de la solidité
de la forme, de l'union de certaines de ses parties
&c. en sorte qu'à la simple inspection on peut distinguer entre deux *squeletes* de mêmes dimensions
générales, celui qui a appartenu à une femme; &
pour indiquer sommairement le siege des différences
les plus marquantes, je nommerai la *région fron-*

tale *, les *vertebres cervicales*, le *thorax* & sur tout le *bassin*.

Le systéme membraneux. Par la même raison que je n'ai pas parlé en particulier du système glanduleux, je ne dois rien dire du système membraneux qui n'est, comme le premier, qu'un composé de certains principes organiques généraux déjà passés en revue, & plus que lui, est une dépendance ou un attribut de plusieurs autres organes selon lesquels il varie à peu près de la même manière que dans l'homme, avec cette différence qui est d'une très-grande conséquence *physiologique & pathologique*, que chez la femme il présente d'une manière bien plus prononcée ce caractère de laxité, de mollesse, &c., existant plus ou moins dans tous ses organes, & qu'il s'y trouve entremêlés en bien plus grande proportion de la graisse & de l'humeur gélatineuse, ce qu'on peut regarder conjointement avec la texture propre des parties du *systeme membraneux*, comme une des causes de leur grande extensibilité, laquelle, pour être nécessaire, relativement aux fonctions particulières auxquelles la femme est destinée, n'en a pas moins, ultérieurement, de grands inconvéniens pour elle.

Le système viscéral. Les différences *anatomiques* ou bien celles qui dépendent du volume, de la situation, structure & conformation propres des diverses parties de ce système, ne sont pas en proportion de celles qu'il présente sous le rapport *physiologique*. Elles ne laissent cependant pas d'être dignes de remarque. Pour le volume, il n'est pas nécessaire de répéter sur chacun des organes dont il est question en ce moment, ce que j'ai été obligé de dire pour anticipation du *cerveau*, qui, après avoir eu la place qui lui appartient de droit dans la considération du système nerveux, puisqu'il est le grand moteur, le principal régulateur de l'action volontaire & involontaire, sensible & insensible, évidente & occulte, profonde & superficielle de tous les organes, laquelle se fait par l'entremise des nerfs, trouve à aussi juste titre, une nouvelle place à la tête de la série des viscères dont il est, d'après ce que je viens de dire, un des plus importans, si toutefois on peut établir à cet égard des degrés & des distinctions entre des parties dont la présence & l'action simultanées sont absolument nécessaires pour le maintien de l'existence de l'ensemble.

On sait qu'une cause *mécanique* accidentelle agissant sur un organe, en change la conformation *extérieure* ; à plus forte raison la même chose doit elle arriver quand cette cause est naturelle & qu'à celle-ci la première se joint. Il ne faut donc pas s'étonner si dans la femme certains viscères sans doute primitivement conformés d'une manière entièrement semblable à ce qu'ils sont dans

l'homme, présentent ensuite des différences, résultat de l'état ou de l'action soit momentanée soit
constante des parties contenantes, environnan-
tes, ou simplement avoisinantes. Ainsi, les
poumons qui déjà par leur structure & leur genre
d'action sont disposés à changer de forme à chaque
instant, doivent offrir quelques différences dans
leur configuration, déterminées par celles que nous
avons reconnues dans la cavité pectorale de la
femme. Ainsi la plupart des viscères abdominaux
très-mobiles & très-susceptibles de céder aux impressions qu'ils reçoivent, éprouvent certainement
un changement dans leur situation & peut-être
aussi un changement dans leur forme habituelle,
pendant la gestation ; ce qui aide à expliquer
les phénomènes pathologiques qui arrivent alors,
selon que, d'après les dispositions individuelles ou
accidentelles, les organes sont plus ou moins disposés à obéir à ce changement, & apprend pourquoi
ces phénomènes sont en partie irrémédiables (1),

---

(1) Je dis en partie : car bien certainement ils
ne sont pas tous entièrement irrémédiables, j'ai eu
occasion de m'en convaincre plusieurs fois. Je crois
donc qu'on est trop prévenu en faveur de l'idée contraire, & aussi que tout ce que la femme enceinte
éprouve dépend directement & exclusivement, de
la gestation, & est par conséquent sans remède.

& ne cessent pas, comme il semblerait que cela dût arriver, par l'effet de l'habitude prolongée pendant neuf mois. Ce qui vient de ce que cet effet est continuellement effacé par l'augmentation de la cause qui fatigue les organes.

D'autres organes indépendamment des changemens qu'ils éprouvent par l'effet de cette circonstance, (la gestation) & constamment par le seul effet de la présence des organes génitaux avec lesquels ils ont des rapports plus directs ou même immédiats, se montrent sous ce double aspect, (*la forme & la situation*) bien différens de ce qu'ils sont dans l'homme ; faut-il les énoncer?

Les femmes ces êtres malheureux de quelque côté qu'on considère leur situation, ont cependant assez de maux, & par elle même la grossesse est, dans les grandes cités, une incommodité assez réelle pour qu'il soit de l'humanité de chercher à faire cesser, ou à diminuer celle qui vient la compliquer & qui peut en être indépendante. Je suis persuadé qu'avec les précautions convenables on réussirait quelquefois sans nuire jamais.

CONSIDÉRATIONS

SOUS

LE RAPPORT ANATOMIQUE.

ARTICLE SECOND.

Examen *anatomique particulier des divers organes ou sytèmes d'organes qui appartiennent exclusivement à la femme*, c'est à dire de ceux qui, chez elle, servent à la génération, à la propagation & au développement de l'espèce.

Ces organes peuvent se réduire à deux classes, celle des *organes génitaux* proprement dits, & celle des organes mammaires, encore pourrait-on regarder comme une innovation illicite de ma part de tenir ces dernières pour propriété spéciale & exclusive de la femme & de les classer comme tels.

L'objet de cette section paraît bien peu considérable ; mais le fut-il encore moins, voulut-on en retrancher la seconde portion (malgré l'espoir que j'ai d'en faire sentir l'impossibilité

ou tout au moins l'inconvenance) ce qu'il y
aurait à dire sur la première, pour n'omettre
aucun des détails anatomiques dont son examen
est susceptible, ferait aisément la matière d'un
volume. Mais *l'histoire anatomique* de ces
diverses parties est en général si bien connue
& répétée dans tant d'ouvrages, qu'en l'insé-
rant tout au long dans cet Essai, je paraîtrais
n'avoir d'autre intention que celle de le grossir
inutilement, je ne montrerais d'autre mérite que
celui de copiste, & voilà un double motif de reproches suffisant pour m'arrêter.

Il y a cependant çà & là quelques points qui ont
été moins éclaircis, ou vus différemment, ce qui
fait qu'il est resté à leur égard du doute, quelque
fois même une complette obscurité. Tel est effectivement le sort de l'anatomie, cette science
de faits que beaucoup de ceux qui la concerne
établis par les uns niés par les autres (1) souvent sans aucun fondement, & d'autres fois
ignorés de tous, sans qu'on ait fait la moindre tentative pour les rechercher ou les vérifier, sont devenus la source interminable de
discussions, de controverses, aussi obscures que

____

(1) Voyez ce que j'ai dit à ce sujet dans mes
observations pratiques sur l'art de guérir.

multipliées , comme si les plus beaux , les plus
brillans raisonnemens du monde n'étaient pas
la preuve évidente du déraisonnement le plus
complet , lorsqu'il s'agit d'une chose pour la
décision de laquelle il ne faut que de bons
yeux , de la dextérité , de la patience & un peu
de bonne foi.

Maintenant il se présente un double écueil à
éviter : comme il m'est impossible d'interposer
ma trop jeune & trop insuffisante expérience pour
accorder les opinions contraires , on ne trouvera
pas extraordinaire ni déplacé sans doute , que
je ne prenne pas parti pour ou contre , même
en émettant mon propre sentiment quand j'en
serai aux divers points qui ont donné lieu à ces op-
positions , sur lesquelles je ne veux cependant pas
garder un silence absolu , mais glisser le plus légèrement possible. D'un autre côté , comme je
ne puis rien ajouter à ce qui est bien connu , il en
résulte que je dois pour me hâter d'arriver à des
objets plus importans , ne donner qu'une sorte
de table synoptique , qu'une simple nomenclature de ceux-ci , avec d'autant plus de fondement qu'ils nous passeront presque tous de nouveau sous les yeux , lorsqu'il s'agira d'examiner le
mode d'action de ces divers organes.

Le système génital se divise assez généralement
en deux séries de parties les *externes* & les *in-*

ternes. Je suivrai la marche tracée par cette division; mais auparavant je crois devoir dire en un seul mot sur la composition de ce *système*, qu'on retrouve dans ses diverses parties, toutes celles que nous avons déjà vues & examinées à part comme faisant chacune un des systêmes généraux, qui entrent dans la composition de l'ensemble de l'organisme animal, telles que peau, tissu cellulaire, nerfs, différens genres de vaisseaux, visceres, &c., à l'exception des os. Cette exception que j'ai fait pressentir à l'occasion du systême osseux me parait être une des preuves de l'état absolument passif de ce systême dans l'organisme animal, pour le maintien de l'existence duquel il n'est pas essentiel : aussi est il du nombre des organes qui se régénèrent ; & l'anatomie & la physiologie générales nous apprennent que ce sont les moins importans qui ont reçu de la nature une si belle prérogative. N'a-t-on pas le droit de se plaindre d'elle, de l'accuser à ce sujet, de croire qu'au moins on le fait cette fois avec justice ? Non…

Parties génitales externes L'énumération de ces parties se trouve grossie du nom de plusieurs que je crois mise en rang mal à propos, soit parce qu'elles ne sont pas distinctes, qu'elles n'ont pas une action déterminée & tendante spécialement aux divers actes du grand œuvre de la génération, ou que, sans connaître leur action particuliere, elles ne font pas partie intégrante de ce système, & même que certaines existent à quelques modifications près dans l'un & l'autre sexe; soit parce qu'elles ont une action absolument distincte de celle dont il est question & avec ses agens de la quelle elles n'ont d'autre rapport que celui du voisinage, telles sont les parties désignées sous les noms de *pénis* ou *pubis*, &c. de *méat urinaire* ou *orifice de l'uréthre*, de *frein*, de *fosse naviculaire*, de *fourchette*, de *périnée*. On sait que beaucoup d'autres organes jouent un rôle dans certaine circonstance de la génération, sans qu'on veuille ni qu'on puisse pour cela les comprendre au nombre des parties génitales, sans entraîner en même tems une grande confusion. Pourquoi en serait-il autrement de ceux ci ? C'est à l'homme de l'art qui s'occupe spécialement de cette circonstance, à s'en saisir sous ce rapport & à les présenter d'une manière convenable à son objet. Le nôtre est tout différent, & il exige que nous nous bornions à ceux qui appartiennent exclusivement à la femme, & qui, si nous n'en connaissons pas l'usage direct pour la génération, n'en ont au moins aucun autre qui soit étranger à ce mystère. Ainsi, d'après cette distinction je crois que les parties génitales externes se réduisent aux organes suivans.

Les grandes lèvres ou aîles, les *nymphes* ou *ptites lèvres*, le *clitoris*, l'*orifice du vagin*, *l'hymen* & les *caroncules myrtiformes*.

Les parties génitales internes sont *le vagin*, *l'utérus* & ses ligamens, les *ovaires* & leurs dépendances.

J'ai fait précéder la désignation de ces organes d'une réflexion sur leur composition générale. Il n'est pas moins essentiel d'observer qu'on doit les considérer, relativement à leurs rapports entr'eux, & avec les autres organes sous quatre points de vue ou dans quatre états de la femme très différens les uns des autres, savoir : dans l'enfance, dans l'âge adulte, dans l'état de grossesse & dans la vieillesse.

Je dois maintenant reprendre ceux de ces organes qui ont quelque chose d'un peu obscur ou de digne d'une remarque particulière en commençant par *l'hymen*, dont la dénomination mystérieuse, s'annonce en effet comme fondée sur un motif extraordinaire.

Le corps qui porte ce nom est un de ceux sur l'existence desquels on n'est pas unanimement, ni parfaitement d'accord. Cependant la plupart des anatomistes qui le reconnaissent, & de ce nombre sont les plus célèbres qui aient existés, conviennent en ce point, que c'est une substance membraneuse de figure assez variable, mais le plus constamment circulaire, échancré vers l'un de ses bords ou perforé dans son centre, placé à l'entrée ou à l'orifice du vagin. Parmi les détracteurs de ce fait & de toutes les conclusions morales qu'on s'est plu à en tirer, on compte des anatomistes non moins célèbres mais beaucoup moins nombreux que leurs antagonistes à cet égard. Certes, je n'espère pas & je prétends moins encore terminer la dispute sur le point de *fait* qui les divise. Je sais trop qu'il faut quelque chose de plus vigoureux que le témoignage ou l'assertion pure & simple d'un petit personnage, pour rallier l'opinion des hommes sur des objets plus palpables & qui les touchent de plus près que celui dont nous parlons. Je ne puis cependant refuser de déclarer que j'ai presque toujours rencontré l'hymen, toutes les fois que je l'ai cherché sur des sujets, même avancés en âge, qu'on pouvoit présumer être en possession de cette partie si précieuse par l'usage qu'on lui a attribué, & si célèbre pour toutes les théories morales, philosophiques & religieuses dont elle a été la source.

Sans examiner si c'est avec ou sans fondement que ces théories ont été établies, soutenues, discutées & combattues ; si la nature a pu porter jusques là ses vues ; si toutes les fois qu'elle en a des raisons de mettre un organe à l'abri des accidens, elle n'a pas employé des moyens plus puissans, plus capables de résistance en cas d'attaque ; si elle en a eu de penser à s'opposer, suivant les circonstances de notre opinion, à un acte dont la

consommation

consommation est l'effet nécessaire de sa marche vers son but direct ; si c'est là ou dans le cœur de la femme civilisée & perfectionnée par l'éducation qu'elle a dû placer le sceau d'une vertu, qui, toute belle qu'elle est, n'est que factice (1), & une si mince barrière au vice opposé à cette vertu, quand elle a laissé, avec une indifférence qui serait alors bien coupable, un libre champ à tant d'autres vices affreux & plus contraires à ses saintes lois, dans lesquels l'homme se plonge par l'excès de sa dépravation, suite funeste de l'abus de ce beau présent, la perfectibilité ; sans ressasser tout ce que la question sur *l'hymen* considéré comme signe de la virginité a enfanté de ridicule & de petit, comparativement à la dignité du motif, le maintien de la pureté des mœurs ; sans chercher à concilier (ce qui serait très-facile s'ils vivaient ensemble) avec l'homme, qui attache à la rupture de cette faible membrane, le comble de la jouis-

-----

(1) Ou plutôt d'une vertu qui n'est telle que parce qu'elle est factice. Car pour qu'il y ait vertu il faut qu'il y ait une détermination de la volonté ; on ne peut appeler vertu ou vice tout sentiment ou toute action qui fait partie des loix organiques auxquelles la nature a assujetti l'individu, auxquelles il ne lui est pas libre de se soumettre ou de se soustraire. Or, dans quelle hypothèse se trouve le sentiment dont je parle ?

D

sance de *l'amour-propre*, plutôt que de la volupté , & s'imagine que c'est en prévoyant son sot,
son orgueilleux préjugé & pour lui complaire que
le créateur a institué ce frêle gardien d'un si frêle
trésor , sans, dis-je , chercher à concilier avec cet
homme bizarre, cet autre, qui, ne l'étant pas
moins , regarde la virginité comme une *macule*
qu'il se soucie fort peu d'enlever à sa jeune & novice
épouse , je dirai, en tâchant de réduire le tout à
sa juste valeur, que la présence de cette membrane est plutôt un signe incertain de la virginité ,
que son absence un signe certain d'un état
contraire.

Si l'obscurité répandue sur l'existence de l'hymen , n'a pas reflué sur celle des *caroncules myrtiformes* , au moins n'a-t-elle pas voulu épargner
l'hypothèse probable de la formation de ces tuber-
cules membraneux, qu'on croit communément
provenir de la rupture irrégulière de l'hymen. C'est
par ménagement que je me suis servi à cet égard
de l'expression *d'hypothèse probable*, parce qu'en
effet, en examinant les choses de prime-abord &
toute considération antérieure à part, on ne peut
nier qu'elle n'ait un certain degré de probabilité ,
puisque ces caroncules ne présentent rien de semblable aux autres *rides*, *rugosités* ou replis membraneux du vagin , auxquels on a voulu les assi-
miler , & que leur situation, leur nombre, leur

arrangement, leur structure, &c., ajoutent encore aux présomptions, qui se changent en certitudes pour ceux qui ont vu *l'hymen*. Néanmoins l'un des plus fameux d'entre eux ne conclut pas ainsi.

Je passe de suite à *l'utérus* & je commence par cette question, qui va paraître bien éloignée d'avoir quelque rapport avec cet organe. S'est-on jamais avisé de jetter des doutes sur la composition musculaire du cœur? Non sans doute; & pourquoi? parce que cet organe, à travers la manière d'être & les qualités qui lui sont propres & le placent au nombre des grands & principaux viscères, laisse tellement entrevoir celles qui sont communes à tous les organes musculaires, que ce ne serait pas une simple méprise de vouloir les lui disputer.

En peut-on dire autant de *l'utérus?* oui certainement, si l'on en croit nombre d'anatomistes & particulièrement l'illustre inventeur de l'irritabilité musculaire, dont l'autorité & la décision en semblable matière semblent ne pas permettre d'appel; cependant son opinion n'est pas l'opinion universellement adoptée à cet égard : on refuse à l'utérus son existence comme organe musculaire, malgré la multiplicité & le poids des noms qui plaident en sa faveur. Bien plus, un de ceux-ci , qui ayant donné la description très détaillée d'un muscle particulier à *l'utérus*, était & est encore cité comme une autorité irrécusable , s'est démenti lui-même vers ses derniers jours & semble avoir voulu faire amende honorable pour l'assertion qu'il avait trop légèrement hasardée. Maintenant comment discerner de quel côté est la vérité? C'est encore un de ces cas où l'on ne devrait consulter que l'exacte *autopsie ;* mais il faut bien qu'elle ne s'explique pas très clairement , puisqu'elle a donné lieu à cette *discussion anatomique ,* non seulement d'auteur à auteur , mais d'un auteur avec lui même.

C'est pourquoi il faut avoir recours aux éclaircissemens que peut procurer la comparaison des diverses facultés dont jouit *l'utérus* avec celles affectées aux organes musculaires en général ; c'est alors qu'on se hâtera moins de condamner ceux qui ne veulent pas reconnaître sa composition musculaire , en calculant le nombre & pesant la force des raisons qu'ils peuvent alléguer , & que j'aurais moi-même exposées , si leur examen n'entraînait pas nécessairement des discussions *physiologiques* d'une immense étendue , quoique portant sur des points purement anatomiques , dont je ne puis cependant me disp enser d'indiquer les principaux, tels que la structure évidemment vasculaire & celluleuse de *l'utérus* si bien dém ontrée par la grossesse. — La très - petite quantité de nerfs qu'il reçoit, nullement en rapport avec l'intensité, l'énergie de son action. — L'absence dans ce viscère de cordons ou filamens *tendineux*, ou de portions *aponévrotiques*, se retrouvant constamment dans tous les organes, qui, sans être des muscles proprement dits, sont cependant des composés ou presqu'entièrement musculaires, ou au moins ayant des portions musculaires, très apparentes; tels sont pour le premier exemple le *cœur*, *l'estomac* particulier de certains oiseaux ; pour le second *l'estomac, la vessie*, &c. — La privation d'une action constante qui existe quoiqu'avec des momens d'intermittence & de repos, dans tous les organes musculaires, & s'op-pose à ce qu'ils ne perdent leur force & leur faculté active, ainsi que cela arrive à ceux qui, par une cause quelconque, cessent d'être exercés.—La force excessive & extraordinaire qu'acquière tout à coup & dont jouit instantanément *l'utérus*; laquelle force ne peut être raisonnablement attribuée à quelques fibres musculaires précé-demment &, souvent, depuis très long-tems sans action, & serrées, comprimées, contournées sans doute comme les vaisseaux de l'organe auquel ils appartiennent (1) ; ensuite fortement & depuis très long-tems aussi, tiraillées, distendues & clairsemées dans une immense quantité d'un tissu *cellulo-vasculaire* abreuvé d'une très grande quantité de liquides, quand on voit que la nature toujours conséquente, partout où elle a eu besoin de grandes forces a placé les fibres musculaires très denses, très serrées, très rapprochées, ainsi qu'on peut le remarquer dans les deux viscères musculeux dont j'ai cité l'exemple il n'y a qu'un instant, dans les muscles

------

(1) Les vaisseaux de l'utérus qui devaient tantôt n'exister que dans un très petit espace, tantôt par un développement extraordinaire en occuper un très grand, devaient par conséquent avoir une disposition qui prêtât à un alongement & à un raccourcissement ou resserrement aussi extrêmes. En physique on ne connaît pas de forme qui remplisse mieux ce double effet que celle d'un corps élastique replié sur lui même en *anneau*, en *vrille*, en *cyrrhe*, en *spirale*, comme on voudra. Or plusieurs anatomistes des siècles précédens nous apprennent que cette disposition est exactement celle adoptée par la nature pour les vaisseaux de l'utérus, & voici les propres paroles d'un de ces auteurs au sujet de ces mêmes vaisseaux...... *Non recto atque inoffenso, sed fluxuoso ad modum cursu..... Feruntur, et in varios* cincinnos, pampinos vitium imitantes *contortos et implicatos ductus abeunt,* &c.

de la mâchoire de tous les animaux & surtout des carnivores, &c., &c. Ce qui prouve & me permet de conclure que *l'uterus*, est, comme le *foie*, la *rate*, le *cerveau*, &c., un viscère *sui generis*, comparable à nul autre, ayant ses forces & ses fonctions propres sans que nous puissions dire, ou au moins exactement déterminer, comme dans beaucoup d'autres cas, comment il acquière les unes & exécute les autres, ne voyant pas que ses moyens *physiques* naturels, d'après notre manière de les calculer & de les apprécier, soient en proportion de ce qu'il fait ; les anciens me semblent donc avoir eu une juste idée de son incompréhensibilité, qu'ils ont, à la vérité, rendue d'une façon un peu burlesque, lorsqu'ils ont dit que *c'est un animal renfermé dans un autre.*

On a trouvé des femmes sans *utérus :* cette observation, qui n'est, considérée en elle-même, qu'une aberration ou un oubli de la nature, semblable à ce qui arrive quelquefois pour d'autres organes, & qui ne paraît intéresser que l'individu chez qui cela arrive, cette observation, dis-je, bien constatée, devient ainsi que nous le verrons, de la plus haute importance, pour les éclaircissemens *physiologiques*, qui peuvent en résulter, sur le rôle respectif des différens organes de la génération, dans le développement & l'exécution des phénomènes, de cette grande fonction, presqu'exclusivement confiée à la femme ; fonction qui lui est bien chère par les maux & les jouissances de toute espèce dont elle est *pour elle, une source aussi inépuisable que variée.*

Dans la description d'un organe, chercher à rendre raison de sa situation, n'est-ce pas se jetter dans le vague des causes prochaines ? cependant des hommes d'un grand nom & d'un grand mérite, n'ont pas laissé de vouloir déterminer, pourquoi un organe occupe telle place plutôt que telle autre. Quel fondement & quelles preuves donner à de semblables explications ? qui se flattera de nous dire de manière à nous persuader, pourquoi, par exemple, les *testicules,* parties si essentielles & d'une structure si délicates, se trouvent placées à l'extérieur & exposées à tant d'accidens, quand les *capsules atrabilaires,* ces minces & obscurs organes, qui n'ont de bien connu que leur forme singulière & le nom effrayant & peu convenable qu'elles portent, sont aussi profondément cachées à notre vue, que leur fonction l'est à notre intelligence ? pourquoi celles-ci sont au-dessus des reins plutôt qu'au dessous ? Pourquoi la rate est à gauche & le foie à droite ? Car on s'est occupé sérieusement de presque toutes ces questions & de bien d'autres analogues. Mais s'il est un organe qui puisse les faire excuser, par la possibilité d'y répondre en ce qui le concerne, c'est assurément *l'utérus*, qui, dans l'état ordinaire, à raison de sa sensibilité extrême, devait être placé à l'abri du contact & des impressions extérieures, & cependant à raison de la sécrétion habituelle dont il est le siége ou l'organe principal, devait avoir une communication directe avec l'extérieur, puisqu'il en résulte une excrétion ; & dans l'état *d'imprégnation* devait être, jusqu'à certain point, libre & flottant, environné de parties qui pussent lui céder doucement à mesure que son développement se ferait, & ensuite lui fournir un appui, même lui prêter secours lorsqu'il faudrait chasser la cause vivante de ce développement porté à son dernier point. Or, toutes ces conditions se trouvent remplies par la situation de *l'utérus* dans la partie inférieure de *l'abdomen*, par la manière dont il y est soutenu, maintenu & entouré.

Les *ovaires* n'ont pas donné lieu à moins de théories, de discussions contradictoires, de suppositions gratuites que les parties dont nous venons de nous entretenir ; mais comme ce qui regarde ces dernières est plus exclusivement du ressort de la *physiologie*, nous nous abstiendrons d'en parler en ce moment, en observant néanmoins que l'obscurité répandue sur la nature bien déterminée de la fonction spéciale qu'elles remplissent par rapport à la génération, ou sur l'objet & le résultat primitif & certain de cette fonction (1), dépend en grande partie de celle qui existe sur leur état anatomique intérieur, malgré le grand nombre de descriptions qu'on en a donné, ce qui tient (ou doit au moins le supposer) autant & peut-être plus encore à la difficulté réelle de l'objet, qu'au desir de chaque auteur d'y trouver de quoi étayer son systême propre ou adoptif sur la génération.

Les mamelles. Après leur description qu'il aurait été superflu autant qu'inutile de transcrire, ces organes laissent peu de choses à dire sous le rapport anatomiques.

On a bien vu pourquoi je craignais de me hasarder trop en plaçant les mamelles au nombre des organes qui appartiennent exclusivement à la femme, ou pour parler plus généralement, aux femelles des animaux, dans la classe desquels se trouve l'*espèce humaine*, & dont le principal caractère dérive de la présence même des mamelles, ce qui suppose qu'elles appartiennent également à tous les individus & non pas seule-

---

(1) C'est-à-dire pour savoir si c'est une liqueur *spermatique* analogue à celle de l'homme, ou un véritable germe tout formé, ou l'humeur nécessaire pour le former au moment de la féeondation, ou, &c.

ment à la moitié des individus de cette grande famille ; mais je n'ai pas dit pourquoi j'osais en agir ainsi, & la réflexion que je viens de faire augmente l'obligation dans laquelle je suis de ne pas oublier d'exposer mes motifs. A leur défaut, s'il me suffisait de m'étayer d'un grand exemple, je pourrais citer le savant physiologiste qui a commencé son important article *muliebria* par les mamelles. Mais c'est moins sa conduite , qu'il ne motive pas par ce qu'il dit ensuite, que l'examen réfléchi de l'état des choses dans l'un & l'autre sexe qui m'a déterminé. En effet, si ce qu'on entend par mamelles, ne consistait que dans un changement de structure de couleur, d'une très-petite portion de la peau, avec un très-léger renflement faisant saillie au centre de cette petite portion de peau particulière, placée de chaque côté à la partie antérieure de la poitrine (dans l'espèce humaine & dans quelques autres), sans fonction spéciale, &c. Nul doute que l'homme n'ait des mamelles. Si au contraire on prétend désigner par cette expression un organe particulier très-considérable, exerçant une des plus importantes fonctions que la nature ait exclusivement départies à la femme dans le rôle presque permanent qu'elle joue pour la propagation de l'espèce, un organe se manifestant au-dehors par divers changemens très-marqués dans la peau &

le tissu cellulaire qui recouvre toute la région où il est situé, au-dedans par un appareil glandueux des plus distincts, par une sécrétion des plus admirables & des plus abondantes dont l'économie animale fournisse des exemples, &c. Nul doute qu'à la femme seule appartiennent les mamelles. Quant au simulâcre, aux linéamens qu'on en trouve dans l'homme & qui suffisent aux naturalistes pour asseoir leur *caractère classifique*, je crois qu'on peut les regarder comme un effet du dessein de la nature, de conserver le plus possible entre les deux différens *êtres* de la même espèce, des caractères de similitude, & comme une application plus marquée & mieux fondée de la loi des *vestiges* qu'elle conserve souvent même en passant, non-seulement d'une espèce, mais aussi d'un *genre* ou d'une classe à l'autre ; vestiges qui sans but essentiel, sans action évidente, sans usage spécial qu'on puisse assigner, ne peuvent être mis en parallèle avec des organes dont ils ne sont qu'une ombre informe. Une preuve, en faveur de notre explication, c'est que le même phénomène présente dans la femme les faibles traces de certaines parties essentielles à l'organisation de l'homme considéré comme *mâle*. Ainsi les prétendus ligamens ronds par leur marche, leur tissure, leur composition ne semblent être qu'un vestige du cordon des vaisseaux spermatiques : ainsi ce petit corps auquel on a assigné un usage si peu essentiel au but de la nature dans le premier acte de la génération, usage qu'il appartenait non pas à des *physiologistes*, mais à Messaline seule de supposer, ainsi, dis-je, *penem tantummodo fingere, interdumque cum illo œmulari, videtur mentula muliebris;* & c'est le développement extraordinaire & contre nature, de ces vestiges tant du côté de l'homme que du côté de la femme, qui a donné lieu tantôt aux fables les plus ridicules & les plus absurdes, tantôt aux faits les plus vicieux & les plus répugnans.

Divers anatomistes, de ceux-là même dont le nom fait autorité, citent des exemples de femmes ayant plus de deux mamelles. On trouve des faits semblables dans les recueils d'observations ; mais la manière obscure & imparfaite avec laquelle ils sont rapportés, éloigne la confiance que commandoient d'abord les titres des auteurs & des ouvrages, qui nous les ont transmis ; je crois que nous ne les devons qu'au desir si attrayant & si général de dire quelque chose de merveilleux & extraordinaire, ou à l'ignorance & au défaut d'examen qui aurait fait prendre pour un organe surnuméraire, quelque vice contre nature, quelqu'affection pathologique de la peau ou des organes subcutanés.

TROISIEME SECTION.

CONSIDERATIONS

SOUS

LE RAPPORT PHYSIOLOGIQUE.

Examen sommaire des diverses fonctions de la femme, ayant pour objet les points les plus remarquables, soit de celles qui lui sont communes avec l'homme, soit de celles qui lui appartiennent exclusivement.

Nous voici parvenus au point le plus obscur & le plus difficile de la tâche que nous avons entreprise, celui qui a pour objet l'étude des phénomènes occultes de l'action des organes, soit l'action intime & bornée à la vie propre de chacun d'eux, soit l'action générale & réciproque de tous, pour le maintien de la vie commune, ou l'exécution de certaines fonctions particulières qui ont le même but, ce qui constitue la *physiologie*.

C'est ici que malgré tout ce qu'on croit avoir découvert, on ne peut s'empêcher d'avouer qu'il ne reste bien plus à découvrir. Après les efforts permanens & réunis de tant d'illustres personnages pour lui faire faire des progrès, si cette science est encore si peu avancée ; si même pour reculer d'un seul pas les étroites limites de son domaine, il faut le concours simultané de l'œil du plus profond naturaliste, de la main du plus habile physicien, de tout l'art du plus parfait chimiste ; lui si souvent le rival de la nature, quand les deux premiers n'en sont jamais que les observateurs, qui osera se flatter de pouvoir conduire la physiologie à sa perfection ? Mais non, ne nous abusons pas, aucun homme ne parviendra jamais jusques là.

En vain, doué du plus vaste cerveau, assuré de la carrière la plus longue, & comme un autre Geryon, triplant son existence, il pourrait en même tems, constant & infatigable naturaliste, s'armer de plus de zèle & de patience ; actif & industrieux physicien, inventer de plus puissans instrumens ; pénétrant & exact chimiste, découvrir de plus subtils agens, qu'aucun n'eût fait jusqu'à présent ; envain à tous les attributs inconciliables de cette chimère scientifique qui ne peut exister que dans l'imagination de quelques demi-savans aveuglés par la présomption & l'amour-propre, il ajouterait l'esprit d'ordre & d'analyse du plus méthodique logicien, pour classer les résultats de ses travaux, pour les rapprocher, les combiner, les comparer de manière à en faire ressortir avec évidence les vérités nouvelles qu'il aurait entrevues, jamais, jamais il ne pourra s'immiscer dans tout les secrets de la nature. Jamais cette féconde & discrète ouvrière ne consentira à se choisir un confident intime. Eh! qui méritait d'obtenir ce titre d'elle, mieux que vous, divin Hippocrate, presqu'universel Aristote, laborieux Haller, éloquent Buffon! vous dont les noms immortels nous rappellent ses plus chers & ses plus dignes favoris? Vous, dont l'immense & profond génie a raccourci la ligne de démarcation infinie, abaissé la barrière incommensurable placée entre le froid contemplateur des merveilles naturelles & leur puissant créateur; & cependant vous vous êtes apperçus, sans doute plutôt que tant d'autres moins clairvoyans, qu'il avait ses réserves impénétrables; & cependant vous ne vous en êtes pas apperçus chaque fois que vous avez voulu en saisir les objets, témoins les assertions ou fausses ou hasardées, répandues dans vos écrits, qui, à ces taches près, n'en

sont

sont pas moins des foyers de lumières. Pour nous, que devons nous faire quand nous voyons de tels hommes n'être pas exempts d'erreurs ? les suivre dans *le vrai*, en se gardant bien de se laisser entraîner par la manie des innovations qui sait tout altérer, tout falsifier, tout dénaturer, pour le représenter ensuite comme le fruit de son propre travail : les suivre dans le *faux* ou le *douteux* non pas pour trancher les nœuds qu'ils ont voulu & qu'ils n'ont pu délier, mais pour observer, faire en sorte en observant encore, d'applanir, au lieu de passer en aveugle par dessus les difficultés qui les ont ou écartés de la bonne route, ou arrêtés, & s'arrêtes plutôt soi-même que de courrir les risques de se jetter dans les mêmes obscurités ; & il n'est pas d'objet qui en soit aussi rempli que tout ce qui tient à la *physiologie*, & principalement à cette partie de la *physiologie*, qui, regardant la formation, la propagation successive des différens êtres vivans, se rattache plus particulièrement à l'histoire naturelle de la femme. On dirait que la nature, se méfiant de l'ingrate & audacieuse ambition de son propre ouvrage, a craint que son droit de création ne lui échappât, & qu'un jour ne se réalisât la fable de Promethée, tant elle a cumulé les mystères dans l'œuvre de la génération. Or, comme c'est chez les femelles qu'ils se passent en grande partie ; comme ce n'est que pour l'accomplissement d'un si étonnant phénomène que cette singulière variété ou portion de l'espèce semble avoir reçu l'existence ; est-il étonnant que les diverses fonctions particulières, qui, pour l'accomplissement de ce dessein, lui sont échues en partage, influent sur celles qui servent à l'entretien de sa vie individuelle, & viennent les compliquer ? Que l'on juge d'après cet aperçu de ce qui doit avoir lieu pour la moitié de l'être, dont l'organisation est la plus compliquée, chez qui, par conséquent, les fonctions relatives à la génération doivent participer de la plus grande complication de l'individu en général, & chez qui l'influence de ces fonctions sur toutes les autres, doit constamment s'exercer, puisqu'elles sont constamment susceptibles d'être mises en action ; ce qui, comme l'on sait, n'a pas lieu pour les autres animaux ; & tout le monde connaît le *pourquoi* qu'en a indiqué certaine femme, qui, sans doute, étoit *physiologiste* par instinct.

Ceci rappelle l'observation que j'ai précédemment faite, *que de tous les animaux qui ont les deux sexes séparés, l'espèce humaine est celle dont les deux individus présentent le plus de différences entr'eux*, & me fournit l'occasion d'essayer d'en rendre raison, ou plutôt m'en fait un devoir, pour ne pas donner lieu à ce que la nature, qui est plus régulière & plus constante dans sa marche qu'on ne le pense, & qu'on ne le dit communément, soit accusée par ma faute de variation dans des circonstances semblables, ou, & ceci est plus possible & même peut être vrai, ou, dis-je, à me voir accusé de faire de fausses observations, & d'en tirer de fausses conséquences : voici donc ce que je pense à cet égard.

Dans toutes les espèces, autres que l'espèce humaine, l'empire du sexe, & l'exercice des divers actes qui en sont la suite, n'ayant lieu que dans certaine circonstance déterminée, c'est dans cette seule circonstance que la femelle a & peut effectivement, avoir un mode de vie particulier ou différent de celui du mâle ; immédiatement avant ou après ils sont confondus, & ne peuvent être distingués que par les caractères physiques extérieurs qui, ainsi que nous l'avons également vu, n'existent pas pour toutes les espèces, & pour celles chez lesquelles ils existent, ne portent que sur des objets accessoires ; tout cela a lieu précisément parce que *la vie sexuelle, la vie génitale*, s'il m'est permis de parler ainsi, ne les anime que passagèrement pendant certaine époque dont les retours périodiques sont toujours séparés par un long intervalle *d'anaphrodisie ou d'apa-*

thie vénérienne, pendant lequel les organes qui en sont les agens, en cessant leur action propre, cessent en même tems leur influence physiologique générale. C'est le contraire dans la femme, (sans doute par quelqu'autre raison que celle indiquée par le mot auquel je viens de faire allusion, mais qu'il n'est pas de mon ressort d'examiner actuellement) ensorte que l'aptitude à la fécondation, aux fonctions de la réproduction étant permanente chez elle, les dispositions particulières que leur exécution entraîne dans toutes les parties dans l'organisation de la femme doivent être plus nombreuses, plus marquées & plus constantes que dans les autres femelles : d'où il suit, que par la même raison que ces dernières, dans la circonstance que nous avons en vue, mais seulement dans cette circonstance, deviennent des animaux absolument différens de leurs mâles, cette assertion est toujours applicable à la femme par rapport à l'homme, indépendamment de toute distinction de circonstance, dès qu'elle est devenue & tant qu'elle n'a pas cessé par les progrès de l'âge d'être susceptible d'engendrer.

D'un autre côte la même chose a lieu chez les mâles & produit en eux deux effets analogues qui contribuent à rendre ce phénomène plus sensible, & à l'éclaircir davantage : car ils éprouvent aussi une influence très-marquée de la part des organes de la génération, laquelle les fait également s'éloigner ou se rapprocher de la manière d'être ordinaire de leurs femelles, selon que le stimulus de ces organes se fait ou ne se fait pas sentir. Mais il n'en est pas ainsi chez l'homme ; il éprouve constamment l'influence de son sexe une fois qu'elle s'est développée en lui ; il est donc constamment à l'égard de la femme, comme les mâles des autres espèces sont à l'égard de leurs femelles, pendant le tems de la fécondation. Ne nous étonnons donc plus s'il y a toujours entre l'homme & la femme, des différences si grandes qu'on serait plutôt tenté de les regarder comme formant deux espèces opposées en tout, que comme les deux moitiés de la même espèce.

De ce que je viens de dire, il résulte que la *physiologie* de la femme n'est point du tout la même que celle de l'homme. Hippocrate le savait, & sans le dire positivement, il nous en a prévenu en nous faisant la même observation à l'égard de la médecine de chaque sexe : car la médecine n'est que l'application des connoissances physiologiques ; les différences qu'elles présentent doivent donc nécessairement en entraîner dans le choix & le mode d'emploi, des moyens de remédier aux désordres survenus dans les fonctions qui sont l'objet de ces connaissances.

C'est ici que je me vois encore plus que précédemment dans la nécessité de me restreindre, parce que mon projet n'est pas de donner en ce moment, dans tous ses détails, la *physiologie* particulière de la femme, qui cependant est la base, la partie essentielle & fondamentale de *son histoire naturelle* ; parce que n'offrant & ne pouvant encore offrir qu'un essai, & les diverses fonctions étant bien plus intimement liées entr'elles, que ne le sont les organes qui les exécutent, il est impossible d'entrer dans quelques nouveaux détails à l'égard de l'une, sans voir presque toutes les autres venir s'y rattacher, & exiger les mêmes éclaircissemens, ce qui dépasserait de beaucoup le but que je me suis proposé en l'entreprenant. Je me bornerai donc comme précédemment à quelques points principaux, en suivant autant que possible, la même marche qui nous conduit d'abord à l'examen de l'organe cutané.

Considérations physiologiques sur le Systéme cutané de la femme.

On s'est beaucoup occupé de tout ce qui a rapport à l'anatomie & à la physiologie de la peau, particulièrement depuis les progrès de l'anatomie du systême lymphatique, qui joue un si grand rôle dans son organisation. Il s'en faut cependant que tout soit fait, sur-tout à l'égard

des fonctions importantes de cette enveloppe universelle, qui, par sa présence, défend contre les
contacts & le frottement des corps extérieurs les
parties qu'elle recouvre immédiattement, &, par
son action bien entretenue, devient la sauve garde
de tous les organes qu'elle renferme; même on
n'est pas d'accord sur la manière dont s'exécute
cette action, ni sur les conclusions physiologiques
qu'on en tire. Mais, à cet égard, tout ce qui est
fait serait-il certain & démontré comme tel, tout
sujet de discussion, tout motif d'opinions diamé-
tralement opposées serait-il levé, éclairci, il resterait encore beaucoup à faire sur le système cutané
vu dans la femme, où il présente très-certainement des particularités qui prouvent que c'est à
tort qu'on le considère si généralement, car l'état
de cet organe influe tellement sur la santé, sur
les maladies, sur les moyens de combattre celles-
ci, de maintenir ou rappeler l'autre, qu'il ne saurait avoir la même disposition chez l'être où tous
ces objets sont différens; c'est pourquoi on ne
saurait trop l'étudier dans cet être intéressant &
malheureux, qui, je ne dirai pas par sa nature,
mais par sa disposition actuelle, quelle qu'en soit
la cause, est, bien plus souvent que l'homme, le
sujet de la médecine. Ainsi, par exemple, la
transpiration est bien moindre chez la femme; nul
doute que la faiblesse de son organisation géné-

rale, que la faiblesse, la laxité particulière, le peu de force tonique de sa peau (dispositions qui lui étaient essentielles pour pouvoir se prêter aux différentes distensions qu'elle doit éprouver), ne soient pour quelque chose dans ce phénomène ; mais aussi ne peut-il pas dépendre, en partie, d'une modification particulière dans l'organisation même de la peau destinée à favoriser l'action des autres causes (1)? Pour appuyer cette opinion, j'observerai de plus que la femme est également bien moins sujette à cet autre mode de transpiration, plus sensible que le précédent, & que nous distinguons sous le nom de sueur ; que sa peau est continuellement dans un état d'une légère onctuosité qui sert à en entretenir la souplesse, en rend le contact plus doux, plus agréable, & contribue sûrement à l'émanation odorante qui lui est propre , & qui est plus marquée chez elle (2); qu'elle a une très-grande facilité à se surcharger de l'humeur particulière connue sous le nom de graisse, humeur qui pourrait bien elle-même, par sa présence, être une des causes de

---

(1) Même ces causes examinées de plus près, sembleraient plutôt faites pour augmenter la transpiration sur-tout celle dont je parle en second lieu , dans le paragraphe suivant.

(2) Ce que je crois avoir démontré précédemment.

quelques uns

quelques-uns de ces phénomènes dont l'ensemble, en attendant les nouveaux éclaircissemens que nous pourrons donner à cette question en parlant du système lymphatique, permet de conclure que le système exhalant a bien moins d'activité chez la femme, tandis, au contraire, que tout porte à croire que le système absorbant en a beaucoup plus.

Le Tissu Cellulaire.

Cet organe, qui paraît en général mériter peu d'attention, & auquel, en effet, on en donne si peu qu'on se contente de savoir qu'il existe, est cependant toute autre chose qu'un simple moyen de remplissage, qu'un réservoir inerte où s'amasse une humeur qui n'est pas non plus aussi peu importante qu'on le pense communément : ne fût-ce que parce qu'il se rencontre dans tous les organes, il se ferait déjà assez remarquer ; mais en outre, il a son action propre dans l'accumulation de la graisse, soit qu'on la considère comme une secrétion particulière, ou comme une simple exsudation ; dans sa résorption, dans les phénomènes physiologiques & pathologiques de la plupart des organes. Outre cela, il établit une correspondance étonnante entre eux, &c., d'où il résulte, de sa part, des effets tantôt avantageux, tantôt désavantageux, mais qui, dans tous les cas, sont plus marqués & plus fréquens chez la femme, dans la constitution de laquelle ce tissu entre en bien plus grande proportion, & où il est une des principales causes de la mollesse, de la laxité, &c., qui en est comme l'apanage naturel : nous aurons plus d'une occasion d'en parler de nouveau.

Le Systême Musculaire.

Sous le rapport *physiologique*, le systême musculaire ne présente pas de grands motifs de considérations particulières. J'observerai seulement, que d'après ce que j'ai dit, *que le volume comparatif des muscles de la femme, & le volume réel de quelques-uns étaient plus considérables que dans l'homme*, la femme devrait être douée d'une force sinon plus grande que la sienne, au moins égale : cependant le contraire a lieu d'une manière bien sensible, ce qui se présente comme un contre-sens naturel, puisque la force est reconnue pour résider dans les muscles, & aussi dépendre de la manière dont ils sont animés par le systême nerveux qu'on dit très-prédominant dans la femme. Mais deux raisons péremptoires viennent en donner une explication, qui, selon moi, est assez satisfaisante ; la première, est que les fibres musculaires de la femme sont bien plus lâches, bien plus molles, bien plus faibles que celles de l'homme, & qu'elles sont séparées par une bien plus grande quantité de *tissu cellulaire* graisseux, dont nous avons déjà parlé, ce qui, en leur donnant cet aspect vo-volumineux, qui n'est qu'une sorte de bouffissure (1), contribue beaucoup à augmenter leur faiblesse : car on sait qu'elles ont d'autant plus de force, que plus serrées elles se prêtent mutuellement un point d'appui, & agissent plus directement dans le même sens. Quant à la compensation que devrait donner à cette disposition débilitante, la prédominence du système nerveux, nous pourrons bientôt nous assurer si elle est fondée, en examinant si cette prédominance est réelle, mais puisque l'effet qu'elle devrait produire n'a pas lieu, il y a déjà quelque présomption en faveur de la négative.

Systémes vasculaires, et Phénomènes de la circulation.

Les phénomènes de la circulation & le rapport mutuel des deux grands systêmes sanguin & lym-

---

(1) Prouvée par la différence de pesanteur spécifique, is marquée entre l'homme & la femme, & qui est en grande partie due à celle que présentent sous le même rapport les muscles dans l'un & l'autre individu; les os y contribuent aussi pour beaucoup.

phatique qui l'exécutent, sont dans la femme, dans un état qui ne me paraît pas, jusqu'à ce jour, avoir été bien saisi : peut-être que des recherches ultérieures, aidées sur-tout de l'observation pathologique, prouveront que ce qui est, à cet égard, est opposé aux idées reçues. Pour moi, j'ai plusieurs raisons de croire que le système vasculaire lymphatique ne prédomine pas d'une manière marquée dans l'organisation générale de la femme. Quelles sont les preuves qu'un système prédomine, si ce n'est la facilité, la liberté, la rapidité, & même la sorte d'excès avec laquelle il remplit toutes les fonctions qui sont de son ressort ? Or, les preuves se cumulent pour démontrer que rien de tout cela n'a lieu de la part du système lymphatique de la femme ; c'est-à-dire, que tout ce qui tient à l'action, au mouvement du système lymphatique, qui est destiné à porter au dehors, & en partie à reporter dans la grande circulation les sucs blancs qui sont le superflu ou le résidu de l'entretien général (1), ne se fait pas

———————————

(1) Ce résidu n'est pas le même chez l'homme & la femme ; chez l'homme il est en général plus abondant en véritable lymphe, & chez la femme en sucs muqueux & graisseux, mais dans une proportion plus considérable, ce qui provient peut-être de la disposition & de l'action particulières de ses systèmes sanguins.

chez elle avec la même activité que chez l'homme. Les mêmes preuves démontrent que le phénomène inverse a lieu par rapport à l'action du système sanguin. Il fallait bien que cela fût ainsi ; mais pour en voir la raison, il faut se reporter à la fonction essentielle que la femme a à remplir, & la seule ou au moins la principale que la nature paraisse avoir eu en vue dans son organisation primitive : alors on voit que la femme est destinée à éprouver constamment d'autres pertes, à employer différemment son superflu ; elle devait donc nécessairement en perdre beaucoup moins par les voies ordinaires, sans cela ce n'aurait été qu'à son propre détriment qu'elle serait devenue mère, ce qui, même malgré ces précautions, n'arrive que trop souvent. Cette explication est soutenue par une observation plus frappante, plus sensible, plus directe, en ce qu'elle découvre la cause physique qui peut diminuer l'activité du système lymphatique. Il est celui des systèmes circulatoires qui a le moins de force organique propre : il fallait donc bien qu'il fût moins considérable, ou qu'il eût moins à faire chez la femme, qui n'avait pas, comme l'homme, les moyens de lui donner une force empruntée, une activité factice, par les grands mouvemens, les violens exercices, la forte expression des organes musculaires. Que ce soit bien ou mal expliqué, cela ne doit pas être un motif pour adopter ou rejeter entièrement ces idées ; on sent toute l'influence qu'elles doivent avoir sur la *thérapeutique* dans les maladies des femmes, & combien elles doivent en faire changer ou réformer l'application si elles sont réelles. Je desire seulement qu'on les prenne un peu en considération, & j'espère qu'alors les avantages qui résultent de leur adoption, ne se borneront plus à ceux que j'en retire dans ma propre pratique.

Quant au rapport mutuel des deux systêmes sanguins, je crois que le veineux, comparativement à l'artériel, est dans une plus grande proportion dans la femme que dans l'homme, ce qui explique la plus grande activité dont le systême artériel de la femme est doué, activité qui ne peut sous aucun rapport être exclusivement attribuée à la structure particulière de ce systême, à une influence mécanique, mais à une force qui lui est propre, & qui sans doute était nécessaire pour que la femme pût facilement pourvoir aux grandes dépenses, & promprement réparer les grandes pertes naturelles qu'elle fait dans certains cas ; disposition qui influe sur toute sa manière d'être sous ce rapport, ainsi que le prouve la facilité avec laquelle elle supporte, & la rapidité avec laquelle elle répare les pertes contre nature entraînées par quelqu'accident pathologique, telles que l'extrême amaigrissement, les saignées ou autres évacuations sanguines produites ou exigées par la maladie, &c., la plus grande activé, dans l'état ordinaire des organes urinaires *sécréteurs*. Car il est bien certain que la sécrétion de l'urine comme toutes les autres sécrétions est l'œuvre du système sanguin. Jamais l'anatomie ne parviendra à la revendiquer pour le *système lymphatique*, tout ce qui tend à *activer*, la circulation du sang, en lui fournissant un peu de véhicule, augmente la sécrétion de l'urine, surtout, & tel est l'état des choses chez la femme, sur-tout, dis-je, si rien n'augmente la détermination vers l'organe cutané. C'est là je présume un des grands principes de la *théorie* des *diurétiques*. Quant à ce que la rapidité de certains phénomènes particuliers de la sécrétion de l'urine, présente d'étonnant eu égard à la nature de la cause qui les produit & au peu de tems qu'elle a pris pour agir; la vélocité de la circulation, peut-être encore mal calculée, dans les gros vaisseaux, le calibre, la disposition des artères rénales font que ce n'est pas là le fait le plus merveilleux & le plus inexplicable de ceux que l'organisme animal offre aux calculs, aux expériences, ou aux présomptions de la *physiologie*.

Systéme Nerveux.

La femme est *toute nerveuse* dit-on , & cette assertion *toute moderne* fait d'autant plus de mal qu'elle se répand plus généralement. Il n'est pas maintenant de *petite bonne* ou de *grosse cuisinière ,* lorsque vous devez lui prescrire un médicament , qui ne vous crie , *Prenez garde à mes nerfs.* Ainsi la crainte *d'agacer ,* d'irriter, d'émouvoir les nerfs , ne nous laissera bientôt plus d'alternative dans le choix des remèdes. Cependant quand on veut analyser l'expression tant répétée de *femme toute nerveuse ,* il est difficile , le plus souvent , d'y voir autre chose qu'un mot vide de sens , inventé par l'ignorance , & auquel une complaisance dangereuse a donné un crédit qu'il est bien essentiel, mais aussi bien difficile de détruire. Pour cela il faut secouer le préjugé , dégager la question de tout le figuré que lui prête l'imagination détraquée de quelques têtes trop *peu nerveuses ,* l'examiner au positif ou pour a détruire ou pour lui rendre son acception propre , & je pense qu'alors elle s'appliquera plus rarement à la femme.

Le systême nerveux est le grand moteur ; l'unique régulateur de l'action sensible & insensible , évidente & occulte, profonde & surperficielle , volontaire & involontaire de tous les organes.

organes Le cerveau lui-même, ce centre de réunion de toutes les impressions nerveuses, ce juge, cet ordonnateur de toutes les déterminations qui doivent en résulter, comme organe distinct a ses nerfs propres, au moyen desquels il exécute ses fonctions, de même que les organes tout sanguins, tels que le poumon ce régénérateur du sang, le cœur ce distributeur général du sang, le foie ce dépurateur du sang, ont leurs vaisseaux sanguins propres. Ainsi dans l'organe nerveux par excellence tout ce qui tient à la sensibilité se fait donc par l'entremise des nerfs. Ainsi plus ils ont d'influence dans un individu, plus il est bien organisé sous ce rapport, mieux ses organes feront toutes leurs fonctions & par conséquent plus il sera nerveux. Ceci nous donne de suite l'idée qu'on doit attacher à cette expression aussi, dit-on d'un individu qui est d'une belle constitution, c'est-à-dire dont tous les systêmes paraissent être dans un juste tempérament, & qui présentent l'emblême de la force & de l'activité, qu'*il est nerveux;* & c'est alors qu'on s'exprime avec justesse. Qu'on examine maintenant si cette circonstance est celle dans laquelle se trouve la femme, & par quelle étonnante & bizarre contradiction a-t on voulu la décorer de la même qualification, elle l'emblême de la faiblesse, elle dont tous les organes portent l'empreinte de la

G

mollesse, toutes les fonctions, celle de l'inertie avec laquelle elles s'exécutent ; qu'on me dise
maintenant si ce sont-là les attributs de l'être
nerveux par excellence ? Que sera-ce donc
si nous considérons la femme dans cette circonstance pathologique, maintenant si commune, connue sous le nom d'*état nerveux ?*
nous verrons les femmes qui en sont atteintes, être
celles qui, à la faiblesse naturelle & nécessaire de
leur constitution, ont ajouté toutes les causes dé-
bilitantes imaginables, en commençant par celles
qui agissent sur le *systéme cérébral*, qui ne peut
plus chez elles diriger, co-ordonner, maîtriser
l'action du cerveau : de-là, ces anomalies dans
les pensées, si on peut encore appeler de ce nom
ces bluettes fantastiques, sans principe, sans
cause, sans suite, sans but, qui les agitent & les
tourmentent sans cesse pour leur propre malheur
& le malheur de tous ceux qui les approchent,
sans en excepter le docteur *Anodin ;* de-là, l'augmentation du désordre général, parce qu'un organe principal souffrant, tout souffre plus ou
moins dans la proportion de son influence ; & ce
qui n'était d'abord qu'une indisposition particulière
du cerveau, devient bientôt une indisposition générale du même genre, & bientôt une affection
chronique incurable de celui des organes dont la
plus légère cause accidentelle vient augmenter la

faiblesse, & par conséquent la facilité à céder aux mauvaises impressions; par suite du peu d'énergie du système nerveux, pour réagir contre cette cause, l'éloigner & en détourner l'effet.

Or, c'est presque toujours ce qui arrive. La plupart de ces femmes finissent par avoir quelqu'affection organique qu'elles portent jusqu'au tombeau, quand ce n'est pas cette maladie qui les y entraîne. Cette considération, & beaucoup d'autres encore, me semblent indiquer que c'est au *système sanguin* que très-souvent on doit préférablement s'adresser pour trouver la principale cause de tout ce qu'on attribue exclusivement et aveuglément aux nerfs chez la femme. Pour s'en convaincre, qu'on se rappelle seulement ce qui se passe si souvent dans ces deux époques de la vie de la femme, l'établissement & la cessation de l'écoulement menstruel (1); ou encore, pour prendre une comparaison hors de mon sujet, qu'on examine ce qui se passe dans l'engourdissement des membres, suite d'une position un peu gênante, ou d'un degré de froid un peu piquant, on verra si c'est plutôt sur le système nerveux que

---

(1) Tous les changemens qui s'opèrent, tous les phénomènes qui apparaissent alors, sont bien certainement dus au système sanguin, & cependant c'est sous un aspect *nerveux* qu'ils se montrent.

G 2

par le système sanguin que la cause de ces phénomènes a pu agir, & si c'est moins à celui-ci qu'au
premier que sont dûs les phénomènes qui ont lieu
pour opérer le rétablissement de l'état naturel (1).

Mais, peut-on me dire, les nerfs animent
le système circulatoire........ oui, mais les
nerfs animent tous les autres systêmes ; &,
dans cette hypothèse, tout ce qui les affecte est
nerveux : c'est une manière de raisonner qui sim-
plifie bien les choses. Si on pouvait l'adopter, la
nosologie se réduirait bien plus encore qu'on a
voulu le faire (2), & les *ignares* n'auraient pas
besoin de mettre à la torture les nerfs de leur

(1) Que l'on considère encore ce qui se passe
dans certaine espèce de paralysie, où les membres
ont perdu la faculté de percevoir les impressions,
en conservant celle de se nourrir. Bien certainement
l'influence nerveuse est alors anéantie; l'individu s'en
apperçoit ; mais cela ne fait rien pour le membre inutile au reste du corps ; il n'en exécute pas moins les
fonctions nécessaires à sa propre existence; en un
mot la circulation persiste & il vit.

(2) Par un jaloux dépit contre le grand homme qui
a voulu et qui a pu faire subir une utile & bien desi-
rable réforme à cette importante partie de la médecine.
Mais ce n'est pas détruire que de réformer. Il ne
faut pas grand talent pour démolir, les maçons peuvent le faire seuls ; & pour construire il faut un
architecte.

sensorium commune, pour prouver qu'il y a du *nerveux* par-tout où ils ne voyent rien du tout.

Ce qui prouve la vérité de cette donnée sur l'état du système nerveux de la femme, c'est la marche suivie dans la pratique, laquelle est en opposition formelle avec la manière dont on raisonne ; car la classe des médicamens prétendus *antispasmodiques* est, en général, composée de toniques, de fortifians, d'échauffans, d'irritans ou vrais spasmodiques, & on ne peut disconvenir qu'ils ne soient moins souvent nuisibles (dans la seule circonstance dont je parle), plus rarement inutiles que les relâchans, émolliens, mucilagineux, &c., l'eau de poulet, *le régime de poulet* qu'on cherche à leur substituer, ainsi que les moyens diététiques analogues.

A mon sens, une preuve que la susceptibilité nerveuse des femmes, est au physique bien moins grande qu'on ne le pense, c'est que les purgatifs qui leur réussissent le mieux, ainsi qu'aux enfans sont les purgatifs amers, toniques, résineux, salins, à cela près des circonstances particulières qui les contreindiquent ouvertement. Hors ces circonstances, j'ai toujours vu que les purgatifs laxatifs muqueux, tels que la *manne* par exemple, leur étaient nuisible, & pour parler leur propre langage ne *passe pas*. Ce qui se présente de même chez les enfans. (Et on sait qu'on a voulu comparer & trouver analogue la constitution physique de ces deux genres d'individus.) J'ai vu chez eux beaucoup de maladies & encore plus des rechûtes très-graves, quelquefois mortelles, pour leur avoir donné une *petite purgation bien légere.... bien douce.... un peu de manne dans du lait....* (1) & ici une nou-

---

(1) Quand donc sera-t-on éclairé sur les mauvais effets si fréquemment produits par cette substance si vantée, & si généralement adoptée! Je le dis ouvertement, l: *manne purgative* ne devrait être employée par les médecins dans la pratique que comme la *manne céleste* l'était par les Juifs, dans le desert; quand ils n'auraient pas d'autre médicament à leur disposition. Mais chacun sait ce qu'il faut pour purger, & pour purger chacun ne connait, ne veut que la *manne*. Osez parler de quelqu'autre substance & vous serez bien heureux si vous ne voyez autour de vous qu'un *froncement géneral de sourcils*. C'est ainsi que dans une circonstance assez délicate & devant une société bien composée, pour avoir très doucement parlé de jalap, pour un enfant, je me suis entendu dire par une femme *maitresse, docteur* ou *commère*, (& il y en a beaucoup de ce genre) que je lui donnais des vapeurs. *Risum tenentis amici?* Je vous le demande : Que répondre à une sotte, capable de débiter pareille sottise? C'est alers que pour s'amuser du *ridicule docteur* & lui fermer la bouche, il est permis d'oublier un peu le respect qu'on doit à la *commère.*

velle réflexion fournie par une règle générale de *pratique* vient à l'appui de ce que j'avance. Le terme de lymphatique correspond, je pense à celui de phlegmatique pris dans le sens physique que lui donnent les anciens, qui, soit dit en passant, ne connaissaient, n'employaient guères que les *drastiques* & ne guérissaient pas moins les femmes que les hommes; or il est reconnu que les individus d'une constitution phlegmatique ou lymphatique, & qui sous ce rapport ressemblent aux femmes, tels que les *Anglais*, les *Hollandais*, &c., sont moins irritables, ont besoin de médicamens plus énergiques, plus fortement dosés que ceux qui sont dans une circonstance physique contraire. Aussi voyons-nous que leur *modus prescribendi*, qui en général n'est pas mal raisonné, & qui leur réussit, (ce qui est l'essentiel) a de quoi étonner le malade & le médecin français. Je ne veux pas dire qu'il faille traiter ainsi les femmes françaises, ou plutôt les femmes de Paris, mais bien qu'il faut raisonner d'une manière conséquente & ne pas donner dans les extrêmes les plus opposés & les plus inconciliables.

C'est ainsi que le petit nombre de celles des femmes affectées de cette maladie si commune & vulgairement connue sous le nom impropre de *lait répandu*, qui parviennent à être guéries, ne le sont le plus souvent que par les charlatans qui hardis, téméraires, parce qu'ils sont aveugles leur administrent les drastiques à haute dose & à coups redoublés. Aussi je ne les cite pas comme des modèles à imiter, mais seulement parce que le fait qui résulte de leur conduite vient à l'appui de mon opinion, & prouve en outre que si l'abus de certaines choses ne nuit pas autant qu'il pourrait & même qu'il devrait faire d'après l'hypothèse reçue ; si même, contradictoirement à cette hypothèse, il est quelquefois utile, combien ne le serait pas davantage l'usage modéré & bien entendu du même moyen ? Mais il faut avouer que les médecins, & c'est peut-être un peu leur faute, ne peuvent jamais agir librement. Leur manière de faire doit presque toujours être surbordonnée à la manière de voir du malade ou des *assistans* qui ne veulent rien *goûter* sur l'ordonnance évidente d'un homme connu, sans consulter, discuter longuement, & osent tout prendre aveuglément de la main hardie d'un déhonté charlatan, qui a *fourré dans sa discrète phiole* ce qu'il n'oserait, & peut-être ne saurait désigner sur le papier. (1)

---

(1) Qu'on juge d'après cela de leurs connoissances sur la nature même des drogues qu'ils fournissent, sur l'effet qu'elles doivent opérer et qu'ils en

Je

Je reprends mon sujet, *l'état nerveux particulier de la femme ;* &, pour prouver qu'il est

---

attendent. Car une des principales règles pour faire un bon choix & une juste application des médicamens, l'état du malade parfaitement connu, c'est d'avoir autant que l'état actuel de la science le permet, une connaissance exacte de l'action réciproque des différentes substances qui entrent dans ces médicamens, quand ils sont composés, de leurs divers principes, quand ils sont simples, de leurs qualités, de leurs propriétés & de leur mode d'action. C'est surtout sous ces deux derniers rapports que la *matière médicale* devient une science aussi importante que difficile, & peut être la plus importante et la plus difficile de toutes celles dont le vaste ensemble compose l'art de guérire, qui ne parvient à son but qu'à l'aide de celle-ci ; elle est cependant celle dont il est le plus facile d'abuser. La preuve de ce que j'avance c'est que les *charlatant,* les *marchands de drogues, les commeres,* les *garde malades.,* & tous les guérisseurs de cette espèce , gens entendant aussi bien leur intérêt qu'ils entendent peu celui de la santé des infortunés malades, dont au reste, il se soucient très - peu ; c'est, dis-je , que tous ces gens-là se jettent à corps perdu dans cette partie de la médecine *et qu'ils y excellent.* Semblables à des aveugles, et la comparaison est très - juste à cela près, présisément parce qu'ils sont aveugles, que ceux - ci tremblent toujours de rencontrer quelqu'obstacle et vont studieusement au-devant à l'aide du bâton

H

tel que je l'établis, je vais citer encore quelques faits fournis par l'expérience & l'observation : peut-

---

qui leur sert de guide, et eux, au contraire, ne doutant de rien parce qu'ils ne se doutent de rien, ne voyent jamais d'obstacles; rien ne les arrête; pour eux tout est clair, simple & évident; tout phénomène s'explique même avant son apparition; et nouveaux Moyses, nouveaux Josuës, ils trouvent la nature docile à leur voix et se cachant ou se montrant, hâtant ou retardant sa marche selon leur bon plaisir et au gré de leurs nombreux et ridicules caprices. Qui ne partagerait pas l'admiration dont je suis pénétré en les voyant à l'aide de leur *fine drogue, de leurs petits paquets, de leurs jolies phioles, de leurs mignonnes pilules, de leur agréable élixir,* &c. &c. *Refaire, rafraîchir, délayer, laver, nettoyer le sang trop épais, dissout, calciné, gâté,* &c. *fondre, dissoudre la lymphe; détacher les glaires; chasser l'humeur entassée dans un coin, et le vieux lait répandu par-tout; ôter la chaleur au foie, et la bile de dessus le cœur; balayer l'estomac; purger le cerveau, émousser les acides; neutraliser les alcalis; pousser les urines et les sueurs; fortifier les reins, relâcher, dégonfler, décrisper les nerfs; faire circuler le fluide nerveux; ouvrir dégorger les canaux, promettre pertinemment* ou impertinemment *la guéri-*son avant de savoir quelle est la maladie, et n'en reconnoissant point d'incurables *cicatriser les ulcères internes, régénérer les chairs détruites, réparer les désordres organiques les plus grands, reconstruire*

être s'en trouvent-il qui s'écartent un peu des idées
physiologiques reçues ; mais s'en écartassent-ils

des *viscéres en entier; rendre, aux petites maîtresses douairières grace et jeunesse; aux vieux célibataires ardeur et force, et en un mot, disputant de miracles avec l'abbéPáris, mettre la fraîcheur virginale en eau blanche, la beauté en pommade, l'appétit en pilules, la santé en tablettes, la vie en grains et l'immortalité en bouteille,* etc. On voit tout ce qu'un semblable rapprochement a de désolant pour l'humanité, de honteux pour ceux qui en sont l'objet, et de glorieux pour les médecins si souvent appelés pour remédier aux désordres sans nombre et sans mesure, qui en font le sujet. Mais disons-le, ils auraient peut-être moins à faire de ce côté, et ils laisseraient peut-être moins à tenter aux guérisseurs imperturbables dont je viens de signaler les *hauts-faits,* si eux-mêmes étaient un peu plus hardis. Si le charlatanisme porte l'audace à l'excès, notre médecine méthodique si éclairée dans ses principes, si sûre dans sa marche, est un peu trop délicate, trop *pusillanime* dans son exécution. Sans doute, en pratique, rien n'est beau, rien n'est sage comme la médecine expectante ; mais quand on est parvenu au point où il faut agir, quand on en a bien vu la nécessité (et c'est ce qui indique le vrai médecin), il ne faut pas le faire à demi ; cependant c'est ce qui arrive presque toujours. On ne veut ni faire ni paraître ne rien faire : on louvoie constamment. Delà cette foule de petits remèdes dont le nom seul est alambiqué. O Hippocrate, toi qu'on cite toujours et qu'on n'imite presque jamais ! si tu te trouvais aujourd'hui dans un de nos arsenaux

davantage , ce ne serait pas une raison pour les rejetter. Ce n'est pas la seule fois que les faits se

de drogues, puis auprès d'un de nos grands patiens, est-ce de nous ou de toi-même que tu rougirais ! Reconnaitrais-tu là tes moyens, tes préceptes, ton exemple ! Tu osais hardiment ne rien faire, mais tu osais non moins hardiment user de moyens vigoureux quand il le fallait. La médecine a bien changé ; il est vrai que ce changement et la conduite actuelle des médecins tiennent, comme je l'ai précedemment donné à entendre, à des circonstances qu'il est souvent difficile de maitriser ; c'est ce que j'espere développer et démontrer mieux dans un travail que je prépare sur les remèdes les plus généralement redoutés et les plus généralement utiles , les *émétiques*. Au reste, je crois qu'il ne tiendrait aussi qu'aux *gens de l'art* de sapper en grande partie les faibles fondemens de cette fade et ridicule médecine de *bonbons*, de *confitures* et autres fadaises *syrupeuses*, *gelatineuses*, etc., laquelle, pour être moins dangereuse que l'empirisme à grands moyens, ne laisse pas, sans en obtenir les hasardeux et rares succès, d'avoir ses inconvéniens. Mais pour cela il faudrait qu'ils exerçassent d'une maniere un peu moins isolée, et pour ne rien dire de plus, un peu moins indifférente pour ce qui n'est pas dans leur propre *sphère d'activité*, qu'ils ne le font actuellement : desirons que cette double réforme s'opere. On ne trouvera pas cette remarque déplacée dans cet ouvrage, si l'on veut faire attention que ce sont les femmes qui fournissent le plus de victimes aux deux genres d'excès, dont je viens de parler, soit par elles-mêmes, comme sujettes à bien

trouvent en contradiction directe avec les principes raisonnés de la physiologie. L'acte vénérien est bien reconnu pour agir directement sur le système nerveux ; chez les hommes , même les plus forts , cet acte est toujours suivi d'un moment de faiblesse générale. On en a vu à qui il occasionnait une attaque d'épilepsie, d'autres sont morts dans l'acte même : rien de semblable n'a lieu du coté des femmes ; l'exaltation nerveuse qui en résulte semble leur être avantageuse et même nécessaire (il ne serait pas difficile d'en fournir la preuve) & son excès, en général , leur est moins nuisible qu'aux hommes ; qu'en conclure , sinon comme j'ai fait ?

Elles supportent mieux l'action instantanée du froid, ce qu'il faut voir indépendamment de l'effet ultérieur qui en résulte pour elles; car , je sais parfaitement que le froid leur est très-pernicieux, & je ne suis pas à m'en expliquer. Mais autre chose est la manière de sentir & l'effet qui résulte de la sensation pour celui qui l'éprouve. On voit tous les jours des individus souffrir moins d'une bles-

---

plus de maladies que les hommes, et, quoique plus patientes , s'occupant bien plus de leur santé; soit par leur influence économique et sociale , qui fait que leurs enfans et tous ceux qui les entourent doivent être traités (ce dont elles s'occupent en grande partie elles-mêmes), d'après la formule particuliere qu'elles ont adoptée.

sure que d'autres moins grièvement blessés. Quand à la preuve du fait qui a rapport aux femmes, elle se trouve dans leur manière de se vêtir comparativement à celle des hommes, qui agissant, sortant bien plus qu'elles, devraient être un peu plus accoutumés au froid. La chaleur présente à-peu-près la même observation. Certainement, elles supportent mieux que les hommes (1) une température très élevée ; c'est particulièrement dans les pays où les bains sont d'un usage général & notamment les bains de vapeur, que l'expérience en été faite. Sans aller si loin chercher mes preuves, je me crois fondé à dire que chez nous les hommes ne soutiendraient pas, pour l'effet *actuel*, la concurrence avec les femmes, dans l'usage ou plutôt dans l'abus qu'elles font, sur-tout à Paris, des bains chauds ; il est vrai qu'il leur nuit beaucoup par la suite, & beaucoup plus qu'il ne ferait aux premiers ; mais c'est une considération du ressort de la *physiolo-*

---

(1) Excepté toute fois le jongleur espagnol dont, cependant le manége ou le secret n'est rien moins que nouveau. J'en juge par l'opération préliminaire que le dieu du jour ajoute aux conseils qu'il donne à son fils prêt à monter dans le char brûlant du soleil :

Tum pater ora sui sacro medicamine nati
Contigit ; et rapidæ fecit patientia flammæ.

gie - pathologique, qui doit être mise à part, malgré qu'elle vienne encore à l'appui de mon système.

Je dis, qu'en outre, les femmes supportent mieux les affections de l'âme. Voilà encore une assertion paradoxale ; mais avant de la juger telle, qu'on daigne m'écouter, &, en m'écoutant, que chacun se rappelle ce qu'il a dû observer dans la société. Quand j'avance une semblable proposition, je ne prétends pas soutenir ni même insinuer qu'elles sentent moins (prenons garde de ne pas confondre le moral avec le physique, & de nous tromper sur la valeur ou sur le sens des expressions), ou seulement qu'elles ne soient pas affectées par les causes les plus légères & souvent les plus indifférentes ; cela même est une preuve de plus en faveur de mon opinion, & indique que leur constitution morale & intellectuelle est analogue à leur constitution physique (disposition qui a aussi un rapport direct avec leur fonction spéciale.) Je veux dire que toutes choses égales, d'ailleurs, au degré de la cause près (lequel importe peu), l'effet d'une affection de l'âme, qui, suivant sa nature, aura ou exaspéré ou abattu les forces vitales, entraînera, au physique, moins de dérangement ; sera moins difficile à arrêter, à détruire chez la femme que chez l'homme ; donc elle est, physiquement parlant, moins nerveuse ;

& dieu sait quel service il lui a rendu en la créant telle ! En effet , nous en voyons bien quelques-unes, & même si l'on veut beaucoup, qui sont malades par cause d'affections morales ; mais toutes, toutes en dévorent plus qu'il n'en faudrait à l'homme le moins susceptible pour voir toutes ses forces physiques & morales altérées & bientôt détruites.

Une observation que tout le monde aura pu faire comme moi, laquelle vient autant à l'appui de tout ce que j'ai dit ou je dirai en général sur l'état du *système nerveux* & de ses fonctions dans la femme , que de ce que je viens de dire en particulier sur l'action de ce système qui formant son mode de sensibilité; c'est que la femme passe avec la plus grande facilité, de l'extrême de la joie , à l'extrême de l'affliction, & *vicœ versa ,* sans qu'on puisse l'accuser *d'hypocrisie.* (1) Cette disposition est même un des

---

(1) Notre langue est par fois si pauvre, au moins entre mes mains , car je ne me flatte pas de la manier en maître, que je n'ai pu me dispenser de me servir d'une expression qui est toujours prise en mauvaise part , & qui ne doit pas l'être ici ; du moins d'une manière générale & sans exception. Je crois donc devoir m'expliquer, & dire que j'entends également par le mot *hypocrisie ,* & cette *astuce*

beaux

plus beaux, des plus heureux a tributs dont la femme
ait pu être douée, par rapport à l'homme chez qui
les impressions bien plus profondes, bien plus durables, le font tendre naturellement à l'affection
mélancolique; il est heureux pour lui que la
femme, par l'état opposé de son caractère,
puisse faire une agréable diversion aux idées
sombres qui tourmentent l'imagination de l'homme,
souvent pour la cause la plus légère.

Je ne pousserai pas plus loin l'examen de cette
question, non pas qu'elle soit épuisée, mais parce
que tout ce qu'elle laisse à dire sur le rapport
mutuel des deux sexes dans la société, me jet-
terait dans des détails très curieux à la vérité,
&, j'ose le dire, ou mis jusqu'à ce jour de côté
ou traités d'une manière très-peu convenable (1);

---

dont la nature a fait un instinct particulier accordé
aux êtres faibles en butte à des ennemis puissans,
(situation qui est souvent celle de la femme par
rapport à l'homme) & cette délicatesse de sentiment qui fait que la femme feint souvent d'oublier
ou de ne pas sentir ses peines pour ne pas affliger
l'homme auquel elle est attachée, violence que ce
dernier se fait & plus rarement & plus difficilement.
C'est sur-tout dans les considérations pathologiques
que cette idée demandera les plus grands développemens.

(1) En effet, l'esprit de partie, la manie de
systématiser, la présomption, l'injustice & l'adulation

I

mais ils sont beaucoup trop étendus pour que je puisse me les permettre en ce moment. J'ajouterai seulement, que si l'état nerveux des femmes était généralement tel qu'on le suppose, la proportion des maladies positivement nerveuses, telles que l'*hypochondrie*, la *mélancholie*, la *manie*, l'*épilepsie*, certaine espèce d'*apoplexie* & de *paralysie*, &c., serait vraiment effrayante parmi elles, tandis qu'elles n'en présentent pas plus d'exemples que les hommes.

Il en serait de même du *suicide*, qui est cependant bien plus rare du côté de ce sexe, & encore pour que la comparaison fût juste, il faudrait qu'un de ses *termes* fût pris dans celle des causes les plus ordinaires du suicide (l'amour & le jeu), qui peut également agir sur l'un & l'autre sexe. Personne ne me disputera que ce ne soit celle provenant des affections du cœur. Personne ne me disputera encore que ce ne soit les femmes qui soient le plus souvent trompées, qui ayent beaucoup plus à perdre, lorsqu'il leur arrive de l'être, qui soient les plus attachées à

---

par excès, ont toujours dominé dans tout ce qui a été dit sur les femmes. Il est aussi aisé d'en deviner les motifs, que difficile de faire mieux, ou plus mal, mais en ne se laissant pas surprendre ni influencer par les mêmes sentimens.

l'indigne cause de leur malheur, qui ayent le moins de moyens de remplacer ou réparer la perte que cette cause entraîne. Tout ici change bien les rapports, & cependant on voit beaucoup plus d'hommes que de femmes, qui se suicident par le mauvais succès d'une *inclination*, ce que je ne dis pas pour faire l'éloge des premiers; tant s'en faut..., ni pour en inférer qu'ils soient susceptibles d'un plus grand & plus sincère attachement; tant s'en faut encore.

Systême osseux.

CE n'est pas seulement par la différence de ses caractères physiques, par la variété dans les formes, dans les dimensions, dans l'arrangement, dans les moyens d'union de ses pièces, &c., que la charpente osseuse de la femme se fait distinguer; c'est aussi par son mode de vie propre.

Chez la femme, l'ossification marche bien plus rapidement sous certain rapport, & bien moins sous un autre, c'est-à-dire, que le systême osseux parvient bien plus rapidement aux dernières limites du développement qu'il doit acquérir, & qu'en même tems sa solidification est bien plus lente. Ce double phénomène peut dépendre ou recevoir son explication de ce que la substance saline qui fait la base de la solidité des os, ou se forme bien plus lentement, ou se fixe avec bien moins de facilité, dans les mailles du tissu cellulaire qui sert de trame aux os, en sorte que ce tissu ayant plus de mollesse, peut croître, s'étendre & obtenir ses plus grandes dimensions, avec bien plus d'activité.

Ce qui se passe à l'égard de la dentition de la femme, est une preuve bien évidente de ce que j'avance, & la précocité de la puberté de la femme en donne en partie les raisons.....

Je ne sais si tout ce qu'on a débité sur le ramollissement des os, la difficulté de la formation du *cal*, ou de la réunion des fractures pendant la grossesse, est bien fondé ; mais il me semble que ce que je viens de dire, joint au caractère de mollesse général des organes de la femme, lequel se maintient, à sa manière, jusques dans les os, en prouve, à certain égard, la possibilité, soit pour un but de la nature, lequel aurait un rapport direct avec le *fœtus*, soit parce que celui-ci prenant toujours un peu sur la propre substance de la mère, les réparations ne se font pas chez elle, pendant la gestation, en proportion des pertes. En effet, il est très-ordinaire que les femmes enceintes maigrissent ; & pourquoi, dans ce cas, leur systême osseux, sur-tout d'après le caractère particulier que nous venons de lui reconnaître, ne pourrait-il pas éprouver aussi quelque changement

quand d'autres circonstances physiologiques &
pathologiques prouvent qu'il y est très-disposé, &
que sa partie saline ou se forme & se répare plus
difficilement, ou se perd & rentre plus facilement
dans le torrent de la circulation : ainsi c'est sur les
os des jeunes filles que le vice *rachitique* agit plus
souvent & avec plus de force. Ce sont plus souvent
des femmes qui, dans un âge avancé, fournissent
des exemples plus ou moins prononcés, mais rarement aussi frappans & aussi complets que l'exemple de la femme *Supiot*, de ramollissement des
os. Je l'ai vu très-marqué sur deux femmes, dont
l'une avait plus de cinquante ans, & l'autre plus de
soixante, & ne l'ai jamais rencontré chez des hommes d'un âge même moins avancé; mais on sait que
chez les vieillards dont les phénomènes de la nutrition s'opèrent avec moins d'activité, moins de perfection (ce qui est un des principaux acheminemens
à la mort), le défaut de réparation qui en résulte,
en général, influe également sur leurs os, qui
sont bien moins compactes, bien plus légers, bien
plus fragiles, &c. Cette observation ne concoure t-elle pas à la preuve de l'explication que
je viens de donner, & ne peut-il pas, dans un
autre tems, dans d'autres circonstances, s'opérer
un effet analogue, lorsqu'une partie des causes
qui le déterminent se représente ?

Les femmes sont plus sujettes au cancer, maladie qui agit si sensiblement sur les os dont elle entraîne le ramollissement ; ou peut-être est-ce plus particulièrement chez la femme que cette maladie produit cet effet, qui, dans quelques cas, est porté à un degré extraordinaire, ainsi que je l'ai vu une fois chez une femme morte de cette affreuse maladie.

Enfin j'ai observé qu'on trouve moins souvent chez les femmes que chez les hommes, également avancés en âge, l'ossification de la tunique interne des artères.

Peut-être la cause de ces divers phénomènes, & particulièrement de ce dernier, est-elle une de celles qui font que la femme en vieillissant plutôt, vit cependant, en général, plus long-tems, ou au moins aussi long tems que l'homme, ce qui se présente comme une sorte d'infraction aux lois de la nature, ou une contradiction de sa part, puisqu'elle nous montre presque toujours les êtres les plus hâtifs & les plus frêles périssant les premiers ; ainsi la dure & ligneuse *vivace*, encore dans l'enfance de sa végétation, voit naître & grandir, fructifier & périr l'annuelle & molle *herbacée ;* ainsi l'amoureuse & tendre *uvifère* est encore ombragée par le verd feuillage de l'ormeau qu'elle embrasse, que le sien, plus sensible aux premiers frimats, tombe déjà flétri. Pourquoi cette exception en faveur de la femme ? on croirait qu'elle est pour son propre avantage :

point du tout ; l'homme, & ici je parle de l'heureux mâle, l'homme est l'*enfant gâté* de la nature : dans tous les tems de sa vie, à l'instant de sa mort, il a besoin de la femme : la nature l'a prévu ; elle y a pourvu ; &, en cela comme en tout autre chose, elle a sagement fait.

Je n'ai qu'un mot à dire sur les ligamens qui sont une des dépendances du système osseux, & l'un des moyens d'union des os entr'eux ; ce sont principalement ces parties qui offrent, d'une manière très-marquée, ce grand caractère de mollesse, de laxité qui se retrouve dans toutes les parties de la femme ; mais ici il prédomine, ce qui n'est pas une des moindres causes de la grande faiblesse de la femme. C'est ce que les *bateleurs* savent fort bien quand ils se servent, en grande partie, de jeunes filles, pour leur faire faire les tours de souplesse ; ils savent qu'ils jouiront bien plus long-tems du travail de ces *martyrs* : il s'en trouve même qui conservent la faculté de faire ce métier jusques dans l'âge le plus avancé.

Les ligamens nous fournissent encore une observation qui vient à l'appui de ce que j'ai dit, non pas sur la certitude, mais sur la possibilité du changement que d'autres ont affirmés avoir lieu dans les os pendant la grossesse : c'est que, dans ce même tems, leur laxité, leur extensibilité augmentent beaucoup, & alors aussi la foiblesse de la femme ; ce qui se manifeste particulièrement dans les articulations. On sait combien elle est sujette à faire des chûtes quand elle est dans cet état : il est vrai que la pesanteur, la disposition du ventre, le changement de direction du centre de gravité, ne doivent pas être oubliés comme causes de ces chûtes si fréquentes, à l'aide du plus petit accident ; mais indépendamment de tout accident, il est très-ordinaire de voir des femmes enceintes qui tombent à l'instant qu'elles s'y attendaient le moins, se croyant bien affermies sur leurs jambes, & alors elles disent elles-mêmes qu'elles les ont senties fléchir sous elles sans qu'elles aient eue la force de s'y opposer.

Système viscéral.

C'EST aux diverses parties du système viscéral qu'appartient l'ensemble des grandes fonctions, telles que les *sensations cérébrales*, *la respiration*, *la circulation*, *la digestion*, &c., dont l'exécution est essentielle à la vie, & qui, pour ainsi dire, la constituent presqu'exclusivement.

En effet, la sensibilité nerveuse externe peut bien être suspendue ; la perte de quelques-uns des organes des sens, celles des organes moteurs peut bien avoir lieu par la paralysie, par l'ablation, &c., & cependant la vie ne pas être interrompue.

rompue. Mais que le cerveau cesse, non pas de percevoir l'impression des sensations extérieures (ce qui arrive toutes les fois qu'il y a paralysie sur l'un des organes destinés à les recevoir immédiatement, & à les lui transmettre), mais qu'il cesse d'avoir en lui-même la faculté de percevoir la communication de ces sensations, d'y répondre (1), &c. (ce qui a lieu lorsque c'est lui-même qui est le siége de l'affection paralytique ou autre); que les poumons cessent de fournir au sang le principe vivifiant; que l'appareil digestif cesse de préparer les sucs nécessaires à l'entretien de toutes les parties, & à la réparation de leurs pertes continuelles; que le cœur vienne à être privé de la faculté de donner au sang, l'impulsion nécessaire pour lui faire poursuivre son cours sans interruption, &c.; alors, dans chacun de ces cas, s'éteint le mouvement général qui constitue la vie; d'où il suit évidemment que son entretien dépend de l'action simultanée des organes viscéraux. Or, comme le mode de vie de la femme est tout-à-fait différent de celui de l'homme, il en résulte que c'est, sinon dans la disposition, au moins dans l'action des

____

(1) On voit par là ce que j'entends par *sensations cérébrales*......

K

organes *splanchniques*, qu'on doit en trouver la cause, c'est-à-dire, que leur action doit, ainsi que cela a effectivement lieu, présenter chez les femmes les caractères particuliers les plus marqués, & les plus importans que nous ayons encore eus à remarquer, mais aussi les plus difficiles dont nous ayons eu à trouver, & à expliquer la cause.

Dans l'énumération que je viens de faire, je n'ai point parlé des différens organes secréteurs, excréteurs glanduleux, parce que la plupart ne remplissent pas des fonctions isolées, & que ces fonctions ne sont au contraire que des dépendances ou des accessoires des fonctions principales que j'ai nommées, & dont elles supposent la préexistence pour qu'elles mêmes puissent s'opérer ; il n'entre donc pas dans mon plan de les considérer d'une manière isolée.

Le Cerveau.

Je ne veux point répéter ici au sujet du cerveau, ce que j'ai dit du systême nerveux général, dont il est le chef suprême. J'ajouterai seulement que la même disposition naturelle qui imprime un caractère de faiblesse sur tous les organes, que la femme a de communs avec l'homme, & aussi sur leurs fonctions, se fait remarquer dans le cerveau & ses attributs, d'où il suit que la femme, au lieu d'être dans une exaltation nerveuse est réellement sous ce rapport dans une sorte d'*asthénie*. Delà, cette impossibilité d'exécuter de grands mouvemens, & sur-tout des mouvemens forts & prolongés, ce que j'entends dire de toute espèce d'action, & l'appliquer seulement à l'état naturel : delà, cette extrême irrégularité, légèreté, & même difficulté dans tout ce qui tient aux facultés intellectuelles dirigées vers des objets abstraits & profonds ; delà, cette facilité de perception pour les petites sensations, d'où naît cette volubilité de pensées & de paroles, qui, déterminée par les sujets les plus légers, dont elles saisissent les rapports les moins apparens, leur forme cet esprit naturel qu'on leur connaît, & qui souvent étonne, déroute le plus profond penseur, quand au lieu de le fixer sur un seul point, il s'efforce de le suivre à travers tous les objets qu'il lui présente ; delà, cette aptitude aux détails superficiels, cette grande facilité à passer d'un sujet, d'une sensation, d'une action à une autre tout-à-fait opposée, à partager une émotion sans avoir besoin d'en conaître la cause ; delà, cette impossibilité de se livrer avec succès à tout ce qui exige une grande contension d'esprit, une réflexion prolongée ; delà, ce peu de

génie inventif, cette pusillanimité habituelle,
mais aussi delà, dans certaines circonstances majeures, où l'exaspération qu'en reçoit l'homme
l'anéantit en quelque sorte, & le prive de la
jouissance de ses facultés, tandis que celles de
la femme se trouvent aggrandies, fortifiées,
delà, dis-je, cette présence d'esprit, ces actes
de force, ces éclairs de génie qui seraient presqu'incroyables, s'ils n'étaient pas mieux attestés
qu'ils ne sont expliqués. Il était nécessaire, ainsi
que j'aurai peut-être occasion de le démontrer
plus amplement, que la femme destinée à donner quelques instans à l'homme, & beaucoup
de tems à ses enfans, fût ainsi constituée. En
effet, ce n'est pas seulement pendant qu'ils sont
en bas âge que la mère s'occupe de ses enfans,
c'est tant qu'elle existe; & quand ils n'ont plus
besoin de ses soins immédiats, c'est sur ses petits enfans que sa sollicitude maternelle se reporte
avec une attention, une activité qui égale &
quelquefois même surpasse celle de la mère. Et
qui ne sait combien dans les premiers tems de
la maternité, dans leurs accouchemens & tout
ce qui s'en suit (ce qui dans l'ordre de la nature ne devait pas être l'ouvrage des hommes,
quoiqu'ils aient très-bien fait pour l'avantage de
la nature même de venir à son secours) Qui
ne sait combien alors la fille a besoin de sa

mère, & quels utiles services, quelles nécessaires leçons elle en reçoit? Mais dans les grandes villes où tout est assujéti aux convenances, & aux arrangemens de la société, nous ne voyons tout cela que par échantillon. L'homme en voulant tout rapporter à lui-même, a tout dénaturé, & a changé en défauts ou regardé comme tels les plus essentielles, & les plus précieuses qualités des femmes (1). Aussi je sais bien qu'il en est qui donnent des exemples d'une disposition contraire à celle que je viens d'esquisser. Que ce soit d'origine ou par suite de l'éducation qu'elles la tiennent, ce ne sont plus des femmes, mais des êtres contre nature, de même que ces *virago* d'un autre genre, dont *l'habitude* colossale, la voix rauque, les formes âpres rivalisent avec celles de l'homme. Encore une fois pour connaître & juger la femme, n'allons point en

____

(1) Cette réflexion est également applicable au physique. Mais ses développemens, sous ce rapport, appartiennent à une des nombreuses & importantes questions, que je suis forcé d'élaguer en ce moment, celle sur la *beauté*. Qu'on se rappelle seulement, pour reconnaître si j'ai raison, les diverses manières de voir à ce sujet de l'homme, selon les différentes contrées, & celles des différens individus dans les mêmes contrées.

chercher le modèle, dans la classe de celles qui ne voyant que leur avantage individuel cherchent à s'isoler, se séparer autant que possible de leur sexe. Il faut en convenir, elles y gagnent beaucoup ; la société telle qu'elle est organisée maintenant, ce qu'on appelle la *bonne société, le monde*, y gagne un peu. Mais la vraie société, la *famille*, mais la nature qu'y gagnent-elles?... L'embarras de répondre à cette question, donne la juste mesure de la valeur de ces belles conversions maternelles, qu'ont opérées, aidées de l'empire de la mode, les déclamations surannées du Genevois, qui n'a répété que ce que les médecins avaient dit long-tems avant lui, sans qu'il y ait mis les restrictions nécessaires, mais dont la connaissance n'était pas de son ressort. C'est à ce sujet que je publierai bientôt une dissertation qui devait faire partie de mon ouvrage sur l'Histoire naturelle de la Femme, dans laquelle je démontrerai, non par de belles & insignifiantes déclamations, mais par des observations péremptoires, que dans les villes très-*populeuses*, & particulièrement dans Paris, l'allaitement maternel a été plus préjudiciable qu'utile.

La Respiration.

J'ai précédemment manifesté mon opinion sur la prépondérance du systême veineux sur l'artériel dans la femme comparativement à ce qui a lieu dans l'homme. Ne pourais-je pas en donner pour preuve, la moindre activité de la respiration de la femme, la moindre dépense, toute compensation faite, d'air vital, & sa plus grande facilité à rester dans un atmosphère un peu vicié, phénomène dont j'ai eu mainte fois l'occasion de faire l'expérience.

La manière dont la respiration s'exécute n'est pas toujours la même; elle change dans l'état de grossesse, état qui influe phisiologiquement sur tous les organes, & physiquement sur ceux contenus dans la cavité abdominale. Or, le poumon qui n'en est séparé que par une cloison musculeuse très-mobile, peut sous ce rapport être compris dans la même classe. Il est aisé de concevoir combien le développement de l'utérus aurait amené de gêne dans son action, & combien cette gêne aurait été préjudiciable à la femme, si la nature n'y avait pourvu par avance, en donnant plus de mobilité aux pièces osseuses qui concourent à former la cavité thoracique, ce qui en rend les mouvemens généraux qui servent à la respiration, plus libres, plus grands, plus sensibles à mesure que *l'utérus*, remplissant la cavité abdominale, restreint ceux du diaphragme.

Néanmoins cette disposition, toute favorable qu'elle est, n'empêche pas que l'état de grossesse ne produise très souvent sur les poumons un effet très préjudiciable. Si on fait ensuite attention que la structure de ces organes molle, cellulaire, susceptible d'être facilement engorgée est bien plus marquée dans la femme, par la raison que nous, avons eu tant d'occasions de répéter; il ne sera plus étonnant que la circonstance dont nous parlons, ou celle de l'allaitement ou tout autre accidentelle se joignant à cette disposition naturelle, fasse que la phthisie pulmonaire soit beaucoup plus fréquente parmi les femmes que parmi les hommes; & l'on sait effectivement que de celles qui périssent victimes de cette désastreuse maladie, le plus grand nombre l'a vue commencer à la suite d'une couche ou pendant un allaitement; & comme cette dernière circonstance la détermine encore plus fréquemment que l'autre, il en résulte qu'on ne peut pas regarder la gêne qui a lieu pour ces organes, comme la principale cause de cette maladie.

La

La circulation.

Il est inutile de répéter ici ce que j'ai dit de cette fonction générale en parlant des systèmes circulatoires, d'autant plus qu'il faudra la reprendre dans les cas particuliers où elle présentera quelque chose de plus remarquable que sa marche ordinaire, qui est bien connue. Je me bornerai donc actuellement aux réflexions suivantes :

Non - seulement le sang fournit aux organes les matériaux nécessaires pour leur propre entretien, & pour celui de la fonction particulière dont ils peuvent être chargés, mais par une qualité qui lui est propre, il agit sur eux comme stimulant, pour déterminer leur action, & les nerfs ne leur procurent que la faculté de sentir cet agent, de percevoir cet effet stimulant. Maintenant, en rapprochant cette considération physiologique sur une des propriétés vitales du sang, de la plus grande activité de circulation de la femme, nous avons, en grande partie, l'explication de l'extrême mobilité que nous voyons se manifester dans ses organes & dans leurs fonctions (ce qu'on met à tort sur le compte des nerfs), sans qu'ils soient susceptibles d'une aussi grande force, d'une aussi grande intensité d'action que la même cause, cette

L

activité de la circulation pourrait le faire présumer, parce que la disposition connue de ses fibres, musculaires ou autres, s'y oppose. Cette même considération sur la manière d'agir du sang, ne nous explique-t-elle pas (ceci est applicable aux hommes comme aux femmes), pourquoi la force n'est pas toujours en raison directe des dimensions des parties, ou même si l'on veut spécifier davantage, du volume des muscles, mais en raison de la plus ou moins grande abondance avec laquelle le sang leur est distribué ; l'expérience ne démontre-t-elle pas constamment, dans les individus de l'un & l'autre sexe, que toutes circonstances, telles que celles dépendantes de l'âge, de l'état de santé, du mode de vie, de l'exercice, &c., égales, celui qui a ses membres dans un état de sécheresse, de maigreur modérée, a beaucoup plus de force que celui dont les membres volumineux sont dans un état adipeux, suite de son embonpoint ; & l'expérience anatomique ne démontre-t-elle pas que les individus de ce dernier genre ont les vaisseaux beaucoup petits ? Si la force varie à l'infinie dans ses degrés, n'en est-il pas de même pour la disposition du système vasculaire, & n'est-il pas, de tous les systêmes, celui qui se fait le plus remarquer sous ce rapport ? Pourquoi donc, quand nous avons un rapprochement si juste qui nous amène une explication si

plausible, aller se perdre en théories sur un systême qui ne présente rien à l'œil qui puisse les
étayer ? laissons cela à faire à nos *spiritualistes*
exagérés ; ils s'en acquittent si bien, & voyent si
clair où personne ne voit goutte !

La digestion.

L'action particulière de tout ce qui tient au
système digestif, est aussi difficile à expliquer
que les phénomènes en sont évidens ; ainsi on sait
que les femmes prennent très-peu de nourriture ;
il en est même beaucoup qui jouissent d'un embonpoint extraordinaire , comparativement à la
petite quantité d'alimens solides dont elles usent; il
en est de même pour la boisson, & la différence est
peut-être encore plus sensible; mais l'habitude entre
sans doute autant que la nature dans cette disposition : cependant les femmes sont, en général, moins
tourmentées de la soif dans les maladies susceptibles de produire ce symptôme. La sécrétion des
glandes salivaires est bien moins abondante chez
elles, ce qui paraît avoir lieu pour les sécrétions
des autres glandes analogues, puisque les femmes
sont, en général, moins incommodées des affections pituiteuses que les hommes; qu'elles rendent
moins de crachats, soit habituellement, soit dans
leurs diverses affections catharrales & pulmonai-

res qui , chez elles , se terminent moins rarement par *résolution* (1) , &c. , &c. , ce qui apporte un nouveau fondement , un degré de probabilité de plus à ce que j'ai dit de l'état de leur *système vasculaire* lymphatique.

Elles sont , en général , dans un état de consti-pation habituel , qui , chez un grand nombre , est porté à un point extrême ; & bien qu'elles prennent à la vérité très peu de nourriture , le résidu de la digestion par les *voies alvines* n'est cependant pas en proportion avec la quantité qu'elles en em-ploient , &c. , &c. Ces divers phénomènes forment-ils un caractère général de faiblesse , de défaut

____

(1) Sur tout si on substitue les légères infusions *délayan-tes* , *diaphorétiques diurétiques* à ces décoctions *épais-ses* , *visqueuses* , *muqueuses* , *huileuses* , *pâteuses* , &c. qui constituent les prétendues *béchiques* , autre classe de médicamens très nuisible & très peu digne de sa réputation & de l'emploi banal qu'on en fait ; je n'en veux pas d'autre preuve que la *grippe* qu'ils ont très certainement rendu beaucoup plus daugereuse & plus meurtrière qu'elle ne l'aurait été seule ou traitée plus convenablement ; mais ici c'est encore l'idée des adoucissans qui prévaut. Il faut quelque chose *de doux* à la poitrine *pour faire cracher* comme il faut quelque chose de *doux* à l'estomac pour faire éva-cuer , &c. , & pour juger de la sorte de douceur qui convient à chaque organe on s'en tient à la seule décision du *palais*.

d'énergie de la part du système digestif ? Sans affirmer positivement le contraire, je crois pouvoir faire remarquer que plusieurs de ces signes le feraient présumer, sur-tout si on se rappelle en même tems de ce que j'ai dit (& cela d'après l'observation pratique) sur la nature des purgatifs les plus convenables aux femmes ; cela indique déjà qu'il faut une certaine force chez elles, pour changer la marche de ce système ; car de quelque manière qu'on envisage un purgatif, & quelque soit son résultat ultérieur, trouble actuel dans l'action du système intestinal, voilà toujours son effet immédiat. Or le système qui a besoin d'un agent plus énergique pour être dérangé ou qui supporte mieux ses efforts, ne peut pas être le plus faible.

Avant d'examiner l'effet des autres signes en faveur de ce raisonnement & de décider la question, observons pour plus de certitude dans notre façon de procéder, qu'il ne faut pas se laisser circonvenir par cette idée, d'ailleurs très bien fondée, *que le caractère général & prédominant dans l'organisation de la femme étant la faiblesse*, il doive se montrer partout avec la même intensité. Ne pourrait-il pas y avoir des exceptions dans les cas où des circonstances prévues par la nature l'auraient exigées ? C'est effectivement ce qui a lieu, car elle n'est uniforme que lorsqu'il n'y a rien qui nécessite le changement ; nous en avons eu une première preuve à l'égard de la circulation & de l'utérus.

Pourquoi refuserions nous de croire à l'existence d'une seconde, sur-tout si nous parvenons à entrevoir quelques-unes de ces circonstances qui pouvaient les motiver, ce qui ne me paraît pas impossible ?

Si la *lienterie*, le *diabètes* sont des maladies, la rapidité avec laquelle une fonction se fait, n'est donc pas un indice certain qu'elle se fasse bien, ce qui est principalement applicable à la digestion. La *dureté* du ventre ou constipation modérée, a toujours été, plutôt que l'*extrême opposé*, regardée comme un signe de bonne constitution en général, & en particulier de bon état des voies alimentaires ; & de deux personnes se trouvant dans ces deux situations différentes, celle qui, suivant cette mauvaise expression, aurait le ventre un *peu paresseux*, serait à coup-sûr jugée la mieux portante ; ou de deux personnes, qui, se portant également bien d'ailleurs, présenteraient la même différence, celle qui aurait le ventre un *peu paresseux*, serait à coup-sûr regardée comme

ayant le meilleur système digestif, quand bien
même elle prendrait beaucoup moins d'alimens
que l'autre ; mais c'est que dans ce cas ils sont
mieux élaborés, plus complètement dépouillés
de la substance nutritive qu'ils contiennent. Or,
n'est-ce pas ce qui paraît se passer habituellement chez la femme ? Maintenant ne trouvons-
nous pas deux raisons physiques qui nous permettent d'expliquer, l'une, pourquoi il fallait
plus de force au canal intestinal ; l'autre, pourquoi il fallait qu'il n'usât que de la quantité d'alimens strictement nécessaire, & par conséquent,
qu'il fût doué de la faculté d'en extraire toute
la substance nutritive.

La première, c'est que hors de l'état de
grossesse, & sur-tout quand cet état a eu lieu,
la capacité de l'abdomen offre bien plus d'étendue, ses tégumens bien moins de résistence au
canal intestinal, ce qui lui permettrait de se distendre outre mesure, si sa force *tonique* ou de
constriction, si je puis m'exprimer ainsi, ne s'y
opposait, & la grande facilité que les femmes ont
à prendre l'habitude de manger encore beaucoup
moins que ne le veut leur disposition naturelle, est
une preuve de cette force.

La seconde raison, celle qui peut aider à expliquer pourquoi il fallait que le canal intestinal

ne reçut que la plus petite quantité possible d'alimens, & en tirât le plus possible de substance, a,
au contraire de la précédente, un rapport à l'état
de grossesse. Si les femmes eussent eu besoin habituellement d'une masse considérable de matériaux alimentaires, pendant la gestation ce besoin
augmentant alors dans la même proportion, ainsi
que cela arrive ordinairement, n'aurait-il pas pu
en résulter quelque inconvénient ? C'est ce qu'on
pourrait presqu'affirmer en voyant ce qui se passe
chez les hommes qui prennent l'habitude de manger beaucoup, sans autre besoin que celui de se
farcir les intestins d'une masse énorme d'alimens
pour satisfaire un appétit ou plutôt une voracité
factice. La facilité avec laquelle ils se créent ce
besoin, l'extrême développement qui en résulte
pour le canal intestinal (développement qu'il faut
bien distinguer de la plus grande amplitude naturelle de la cavité abdominale chez la femme,
& qui l'a bientôt dépassée dans son phénomène
extérieur) donnent sinon une certitude positive, au moins quelques probabilités de plus
à ces considérations nouvelles sur le système
digestif de la femme.

QUESTION

QUESTION

SUR LE

TEMPÉRAMENT DE LA FEMME.

L'examen des questions précédentes conduit naturellement à me faire celle-ci : y a-t-il un tempérament propre à la femme? je ne le pense pas. Il faudrait dire aussi, y a-t-il un tempérament propre à l'homme? Certes, les différences que les hommes présentent entr'eux, différences sur lesquelles est fondée la théorie des tempéramens & qui l'ont fait imaginer, ont bientôt décidé la question, & si l'on pouvait y répondre par l'affirmative, on détruirait par cela même toute idée de tempérament, ce qui autoriserait encore bien davantage la négative que j'ai posée à l'égard de celle qui concerne la femme. C'est ici que les sexes se confondent, & à force de séparer, on finirait

M

par ne plus se reconnaître, & par rendre l'homme & la femme aussi étrangers l'un à l'autre sous les rapports naturels & physiologiques, qu'ils le sont presque toujours sous les rapports sociaux.

C'est déjà beaucoup d'avoir pu découvrir & réunir certains traits généraux, qui permettent d'associer, de grouper ainsi les différens individus, tant d'un sexe que de l'autre. Car, sans entrer à cet égard dans de grands détails, il est facile de s'assurer, qu'il en est, sous ce rapport, de même pour les femmes que pour les hommes. Si donc on a pu croire & soutenir le contraire, attribuer à la femme considérée en général, un seul & même tempérament (théorie contradictoire, puisque le mot *tempérament* entraîne essentiellement l'idée de *mélange*, & de moyen de distinction à l'aide de la diversité du *mélange*, ce qui est impossible quand tout se ressemble), c'est qu'on a confondu ce mot avec celui d'*organisation*, & qu'on les a pris indifféremment l'un pour l'autre, quoiqu'ils ne soient rien moins que semblables ou *synonimes*. Il est très-vrai, & j'ai commencé par le dire, que la femme a une *organisation* particulière, apanage naturel de son sexe; mais il ne l'est pas moins que les femmes présentent entr'elles les mêmes nuances dans le mélange des principes organiques qui constituent leur organisme, que celles qui se remarquent parmi les hommes, puisque ces principes sont les mêmes pour les deux sexes; car l'un comme l'autre,

Ossa, Cruor, venœ, calor, humor, viscera, nervi

Constituunt. T. L.

Si de chaque côté cet amalgame organique est le même, de chaque côté il doit être soumis aux mêmes influences, puisqu'il est assujetti aux mêmes lois, & exposé aux mêmes impressions accidentelles : donc si, par l'effet de ces lois ou par l'influence de ces impressions accidentelles, il varie d'une part dans ses proportions, il ne doit pas pouvoir les maintenir avec plus de constance de l'autre : donc on ne doit pas plus mettre en question s'il y a un tempérament propre à la femme qu'on ne peut le faire pour l'homme : donc quelque mode de distinction des tempéramens qu'on adopte pour celui-ci, il est applicable à la première, à cela près du degré & de l'énergie du caractère distinctif, qui doivent être plus ou moins forts, plus ou moins marqués, suivant que le tempérament ou la modification organique dont il est le résultat, seront, dans chaque femme, plus ou moins coïncidens, avec la constitution physique générale de son sexe.

Une nouvelle preuve qu'il n'y a pas en effet de tempérament particulier appartenant exclusivement à la femme, c'est que le tempérament ne se manifeste, en général, d'une manière très ostensible, ne prend un caractère décidé qu'après l'époque de la puberté; &, qu'au contraire, l'organisation propre du sexe dont nous parlons, se montre plus ou moins dès les premiers tems de l'existence. C'est que le tempérament, par la raison qu'il est acquis, peut changer (ce qui arrive quelquefois), & qu'il est impossible de changer de sexe; on peut seulement en perdre les attributs *génériques*. Ce qui arrive alors, prouve qu'on pourrait plutôt dire qu'il y a un tempérament propre aux *eunuques* en général; car on ne peut nier (malgré le peu d'influence accordée de nos jours, aux organes de la génération & à leurs fonctions), que les individus qui en sont privés, dans leur jeune âge, n'offrent ensuite des caractères qui les distinguent de ceux qui n'ont pas éprouvé la même mutilation, caractères par lesquels ils se ressemblent tous, & qui, par cela même qu'ils sont acquis, & par le mélange bizarre qu'ils représentent, forment vraiment un tempérament particulier.

La pathologie particulière de la femme est une nouvelle source de preuves qui attestent que son tempérament varie comme celui de l'homme.

Du sommeil.

Admirons avec quelle constance & quelle sagesse la nature marche toujours vers son but, sans
jamais s'en écarter ni le perdre de vue un seul
instant. C'est la femme qu'elle a chargée de tout
ce qu'il y a de plus important & de plus pénible
dans la propagation & la conservation de l'espèce.
L'enfance de l'homme, comparativement à celle
de tous les autres animaux, est la plus complète,
si j'ose parler ainsi, ou, pour m'expliquer mieux,
est celle qui est la plus dénuée des moyens individuels de pourvoir aux besoins, à la conservation de
la nouvelle vie, de manifester les uns, d'éviter ce
qui menace l'autre. Elle demande des soins non-
seulement plus multipliés, mais plus assidus,
moins interrompus; soit que, suivant les lois de
la nature, l'enfant repose immédiatement sur le
sein de sa mère, ou que, d'après l'ordre établi
par la civilisation, un berceau les sépare, le sommeil, trop continu & trop profond de celle-ci,
peut laisser le frêle rejeton humain en proie aux
dangers, aux besoins, aux souffrances. Il fallait
donc que la mère, même en prenant son repos,
pût le surveiller encore, l'entendre & être à lui au
moindre cri qui lui échapperait; c'est ce que la
nature me semble avoir prévu dans la différence

sensible qu'elle a mise entre le sommeil de l'homme & celui de la femme, lequel est bien moins profond, s'interrompt avec bien plus de facilité, se reprend de même quand il a été interrompu, & est aussi plus prolongé.

C'est peut-être à un effet ultérieur de cette disposition, qui pourrait reconnaître pour une de ses causes un phénomène particulier de la physiologie de la femme, que j'ai précédemment indiqué (*la plus grande activité du systême artériel*), qu'elle doit être dans un âge plus avancé moins exposée à l'apoplexie.

On trouvera ces idées mieux fondées, chacune en ce qui les regarde particulièrement, & moins éloignées l'une de l'autre, quant au rapprochement que j'en fais, qu'on ne l'aura jugé d'abord, si l'on fait attention que les hommes effectivement bien plus fréquemment attaqués d'*apoplexie* que les femmes le sont particulièrement à cette époque de la vie où la pléthore ou les ans, & peut-être l'une & l'autre de ces causes simultanément, ont beaucoup ralenti la circulation.

Les femmes dorment plus que les hommes, je viens de le dire; cette plus grande disposition au sommeil paraît même entrer dans leur constitution naturelle, du moins la plupart des physiologistes l'assurent; &, cette fois, je ne suis pas éloigné d'être de l'avis du plus grand nombre. Maintenant si cette observation est juste, si le penchant à l'indolence ou repos, est presqu'universel chez les femmes, & est si difficile à vaincre, &c., je demanderai si tout cela s'accorde plutôt avec la disposition essentiellement nerveuse qu'on reconnaît en elle, qu'avec ce que j'ai dit à ce sujet?

Mais en parlant de ce penchant général des femmes à l'indolence, au repos, je pose peut-être, en fait, ce qui n'est qu'en question pour la plupart. Je ne vois cependant pas (il est vrai que je ne me flatte pas de tout voir), je ne vois pas, dis-je, ce qu'on pourrait objecter à mon assertion. M'opposera-t-on la petite fille? Eh bien! soit : au sein de sa mère, je la vois plus tranquille, moins bruyante, moins mobile; mais ne nous arrêtons pas à ces infinimens petits (1). Est-elle un peu plus grande? commence-t-elle à pouvoir elle-même déterminer ses actions, faire usage de sa volonté, obéir à ses goûts naissans? Vous la voyez très-souvent char-

____

(1) Cependant l'un des plus anciens & des plus profonds naturalistes qui aient existé, a poussé bien plus loin cette observation, car il prouve que la disposition dont je parle s'annonce dès le sein de la mère, quand il dit : *Plus etiam motus magna ex parte, mas in utero infert quam fæmina, et celerrime prodit.*

gée de quelques *chiffons*, de sa poupée, aller se blotir dans un coin, & y demeurer des heures entières dans le repos, mais parlant sans cesse, & sans cesse changeant la disposition de ses jouets qui ne sont pas de nature à demander pour cela de grands mouvemens de sa part, mais beaucoup d'agitation locale, ce qui est tout différent; & cette manière d'être caractérisée par le repos général, la grande agitation partielle, & cette loquacité extrême, ne répond-elle pas déjà dans la petite fille, à ce que j'ai dit de la disposition à la faiblesse, & à l'irrégularité d'action de sons ystême nerveux, considéré dans la femme en général. Me la montrera-t on plus âgée, dans cette époque où le desir de plaire & d'accomplir sa destination naturelle commence à l'animer; sans doute on la verra très-active, si c'est à une partie de plaisir, à un bal, ou occupée à en faire les apprêts, qu'on la trouve; mais ce n'est qu'un très-petit espace de sa vie qui est ainsi employée; hors de là, que fait-elle ? Si cela dépend de sa volonté, elle dort ou se repose, rêve ou parle jusqu'à ce qu'enfin elle se marie, & c'est immédiatement après ce fortuné moment, souvent aussi sincèrement maudit qu'ardemment desiré, qu'on voit dans tout son jour la disposition que je poursuis dans tous les âges de la femme, & que je ne trouve dans aucun aussi marqué que dans celui-ci, celui-ci, où la femme est tout ce qu'on peut desirer qu'elle soit comme femme. Jusqu'à ce moment, le partage des travaux du ménage dans les classes inférieures, les exercices de l'éducation dans les classes supérieures la maintenaient nécessairement dans un certain degré d'activité. Mais tout vient de changer; elle est devenue, pour quelques jours & sous certain rapport, maîtresse de ses momens, & ayant encore peu de détails domestiques, ou les moyens de tout faire faire par autrui, elle en dispose pour se livrer sans réserve à son penchant; tout-à-coup elle double presque le tems du sommeil, & le tems de la *veille*, elle le passe dans une bien plus grande inertie (1).

---

(1) En veut-on une preuve? Qu'on examine combien peu de femmes mariées cultivent avec un peu d'intérêt les talens de société, les arts d'agrément qui ont fait partie de leur éducation, et pour lesquels on les croyait, et elles-mêmes se croyaient enthousiasmées. Cependant rien ne s'opposerait à ce qu'elles continuassent de s'y adonner: mais non, elles ont atteint le point de mire qu'elles avaient en vue en les pratiquant. Elles n'ont plus besoin de s'entendre élever sous ce rapport au dessus de telle ou telle de leurs compagnes. Leur tâche est remplie; leur éloge est complet : elles sont *dames*.

N

Je ne doute pas que ce ne soit à ce changement de mode de vie, que soit dû en partie celui qui arrive dans la disposition physique de la femme, par la surcharge adipeuse qu'elle acquère très-promptement, & dans l'état de sa santé, par une foule d'incommidités, qui, de son propre aveu, lui étaient inconnues avant son mariage encore tout récent Arrive l'époque de la maternité; & il me serait facile de prouver, sur-tout pour nos belles nourrices de ville, que c'est un vrai tems d'indolence, de même que pour celles qui ne nourrissent pas; mais je réserve cela pour mon écrit sur l'allaitement. Dans la vieillesse les choses ne changent pas : au contraire, & dans Paris il y a beaucoup de femmes qui passent des semaines, des mois & même des années dans leur appartement, & qui finissent par perdre entièrement l'usage de leurs jambes, & cependant elles existent. Ne faut-il donc pas qu'un semblable excès soit facilité par une certaine disposition naturelle ? Pour faire l'épreuve de la justesse de ces observations, il faudrait à côté de la femme, dans chaque circonstance où je l'ai considérée, placer l'homme du même âge, puis comparer & juger ensuite.

CONSIDERATIONS

PHYSIOLOGIQUES

SUR LES ORGANES

QUI APPARTIENNENT EXCLUSIVEMENT

A LA FEMME.

Sur les organes de la génération.

Nommer ces organes c'est indiquer leur fonction. Mais en quoi consiste-t-elle cette grande & merveilleuse fonction, & comment ces organes l'exécutent-ils ? Ce sont là deux questions auxquelles il n'est pas également facile de répondre.

On sait bien en effet que la génération consiste dans un acte qui détermine la formation

N 3

& le développement d'un nouvel être destiné à perpétuer l'espèce dont il est issu, soit par le concours simultanné de deux individus de cette espèce, ou par l'acte *privé* d'un seul, selon que cette espèce a les deux sexes réunis ou séparés comme cela a lieu pour l'homme.

On connait aussi les conditions nécessaires pour que ce phénomène puisse s'opérer. Telles sont dans les espèces composées de deux individus différens une disposition particulière de ces individus, une certaine appropriation de leurs organes respectifs, le rapprochement immédiat & l'action mutuelle de ces organes, &c. Quant au mode particulier suivant lequel la femme remplit ces conditions dans la partie qui la regarde, je dois, pour le peu que j'ai à en dire, en renvoyer l'examen à l'article des observations générales, pour passer de suite à la seconde question, celle à laquelle il est si difficile de donner une solution satisfaisante, qu'elle a été, jusqu'à ce jour, l'écueil de la pénétration, de la réflexion, mais non pas de l'imagination de tous les philosophes & naturalistes. Et qui ne connait les divers résultats de toutes leurs rêveries sur la génération ? Sans avoir la plus légère étincelle du génie de ceux qui nous les ont laissés, il ne me serait peut-être pas impossible d'y ajouter quelque chose. Mais à quoi bon ? j'aime mieux, au risque de persuader que je n'ai pas l'esprit d'enchérir sur les métaphores génitales, chercher à vous prouver que j'en sens la complète inutilité pour nous développer la composition & la marche des premiers élémens de la *géniture*. Ainsi laissant de côté la force de formation, &c., les œufs, les germes innés ou préexistans, les germes formés par le mélange des humeurs prolifiques, animalcules, les molécules, les organiques (qui ne sont qu'un travestissement n'en déplaise à leur immortel auteur des *Homéoméries* ou *parties similaires* d'Anaxagore ou des *atômes animés* de Démocrite), je me contenterai de répéter que de tous les mystères physiologiques dont la nature s'est réservé le secret, celui de la génération est le plus profond & le plus impénétrable ; admirons sa sagesse ! elle nous a caché ce qu'il n'est pas nécessaire & même ce qu'il serait peut-être dangereux que nous sussions. Tout ce qu'on peut dire, c'est que la multiplicité des organes qui concourent à cette fonction, le long espace de tems qu'ils mettent à se préparer à l'exécuter, la force irrésistible avec laquelle ils y sont portés, en un mot, tout ce qui a quelque rapport avec elle, présente l'empreinte de son importance & des précautions les plus recherchées pour en assurer l'exécution : cependant on ne peut disconvenir, qu'à en croire les apparences, l'acte qui détermine cette exécution ne soit aussi petit, aussi simple que son résultat est grand & magnifique, & c'est là qu'est l'incompréhensibilité.

On peut aussi, & il n'est rien moins qu'inutile de le faire, on peut, dis-je, jeter quelque jour sur le rang que doivent occuper les organes génitaux de la femme, relativement à l'importance du rôle respectif que chacun d'eux joue dans le premier phénomène de la reproduction, & par conséquent relativement à la portion d'influence qu'on doit lui attribuer dans la somme immense de celle que l'on sait être exercée par ces organes sur toute l'économie animale. D'après cela seul on voit déjà que la discussion ne peut être établie qu'entre les *ovairs* & *l'utérus.*

Ce dernier a toujours été & est encore généralement regardé comme le premier, le principal, le plus essentiel de tous les organes de la génération & comme celui qui produit tout les phénomènes *physiologiques* & *pathologiques* dont s'accompagne constamment, pour les premiers, & si souvent pour les seconds, soit le développement de la faculté procréative, soit le besoin individuel d'en user, besoin sur la violence & les effets duquel il n'est pas besoin de s'étendre. Le même organe est aussi regardé comme produisant ceux qui suivent la *satisfaction efficace* de ce besoin. Je crois cependant que dans ce dernier cas il n'en est que l'agent intermédiaire, de même que, par exemple, dans les cas d'empoisonnement par des substances non caustiques, non corrosives, l'estomac n'est que l'agent intermédiaire des symptômes qui en résultent.... en effet, s'ils dépendaient exclusivement de l'*utérus*, de son développement & des autres circonstances physiques qu'il présente dans le tems de la grossesse, ces phénomènes devraient se présenter chez presque toutes les femmes, & être toujours semblables, ce qui n'arrive certainement pas, & leur grande variété prouve qu'ils dépendent de l'action même qui se passe au dedans de l'*utérus*, de la marche que suit le produit de la fécondation de son développement, & peut-être un peu de ce qu'il est en lui même (si toutefois il y a de la différence entre tel & tel embryon, tel & tel fœtus, comme il y en a entre tel & tel homme); & cette dernière considération ne rend-elle pas un peu moins ridicules les efforts qu'on a faits pour pouvoir décider d'avance de quel genre est l'individu renfermé dans le sein de la mère, quoiqu'on puisse affirmer qu'on n'y parviendra jamais?

Pour ce qui est du premier point de la question, qui tend à regarder l'*utérus* comme le chef & le plus essentiel des organes génitaux, & à le considérer comme le principal agent dans tout ce qui peut dépendre de leur influence, je crois cette opinion encore plus mal fondée que celle que je viens de discuter. On a pris ici l'effet pour la cause ; l'*utérus* étant un organe très-saillant, très-considérable, comparativement aux autres parties du même système, étant, comme les centres, auquel se rapportent presque toutes les sensations qui les affectent (1), chargé d'une fonction habituelle très-considérable & souvent difficile à se mettre en activité, &c., &c., on s'est laissé éblouir par cette apparence physique. Cependant si on fait

---

(1) Erreur qui se rencontre dans beaucoup d'autres cas de sensations provenant de la douleur ou du besoin qui est une vraie douleur que nous avons su spécifier. Ainsi, on rapporte à l'estomac le besoin général de nourriture ; c'est par l'extrémité du canal de l'urèthre qu'on est souvent averti de ce qu'éprouve la *vessie;* les *phthysiques* ont fréquemment le bonheur de croire qu'ils n'ont que mal à la gorge.... Et je n'en finirais pas si je voulais rapporter tous les exemples de symptômes relatifs qui, éprouvés dans une partie, sont l'indice presque certain de l'affection d'une autre.

attention

attention que l'utérus n'est réellement qu'un réceptacle destiné à servir d'asyle au produit de la fécondation (1), mais qu'il n'est pas rigoureusement essentiel à sa formation, ni à son développement, pas plus que pour constituer les caractères sexuels, puisqu'on a des exemples de femmes bien reconnues pour telles, chez lesquelles on n'a pas trouvé d'*utérus*, & qu'on a des exemples encore moins rares que ceux-ci, de grossesses *extra-utérines* ; si on fait attention sur-tout que ces grossesses *extra-utérines* & beaucoup d'autres preuves non moins positives démontrent que ce n'est pas l'utérus qui fournit la substance, quelle quelle soit, qui sert d'élément au *fœtus;* il restera bien prouvé que c'est aux *ovaires*

---

(1) Et je ne parle pas ici d'après ma seule manière de voir, mais d'après l'autorité de l'anatomiste célèbre qui a dit : *Actio uteri usus est attrahere et retinere semen muliebre a testibus expulsum et virile a pene injectum.*

L'opinion si répugnante de ceux qui regardent l'utérus comme le *réservoir, l'égoût des impuretés naturelles* de la femme, sans examiner en ce moment ce qu'elle a d'absurde & de ridicule, ne servirait-elle pas d'appui à la mienne, s'il était permis de se servir d'un si pauvre appui ?

O

qu'est réservé cette précieuse faculté, & qu'aucun autre organe ne peut les suppléer à cet égard comme cela arrive quelquefois pour l'utérus; d'où il suit qu'ils sont les premiers & les plus essentiels des organes de la génération chez la femme, & qu'ils doivent avoir la principale part dans le développement des phénomènes *physiologiques* & des affections *pathologiques* dépendantes des fonctions & de l'influence sexuelles, &, comme je l'ai dit, presqu'entièrement & exclusivement rapportés à *l'utérus*, au-delà duquel on va rarement dans les nombreuses considérations *pratiques* qui en résultent.

Cette remarque, qui ne se borne plus, comme l'on voit, à une simple discussion *physiologique* qu'il est indifférent d'éclaircir, mérite donc qu'on l'entoure, soit du côté de l'expérience, soit du côté du raisonnement & par la voie de l'analogie, qui est d'un si grand secours en *physiologie*; cette remarque, dis-je, mérite qu'on l'entoure de tout ce qui peut lui donner le caractère de vérité démontrée.

Ne doit-on pas compter comme partie de *l'expérience* le résultat des *ouvertures cadavériques*, lesquelles découvrent un si grand nombre de maladies organiques des *ovaires*, soit qu'on les connût ou qu'on les soupçonnât d'abord ; soit qu'on ne se doutât aucunement de leur présence, ce qui arrive très fréquemment.

Le raisonnement par la voie de l'analogie ne se trouve pas moins en faveur de mon opinion, en se reportant pour un instant à l'organisme de l'homme, qui a aussi, sous le rapport de la génération, ses organes principaux & ses organes secondaires.

Les *testicules* sont sans contredit les premiers ce sont eux qu'on reconnait pour exercer toute l'influence sexuelle ; aussi ne *manquent-ils* jamais, comme cela a lieu pour les vésicules séminales dans quelques espèces, & c'est leur ablation seule qui empêche les signes & les caractères de la virilité de se développer. La perte de l'organe de communication prive bien de la faculté physique d'engendrer qui réside dans le résultat de la sécrétion opérée par les testicules ; mais cette perte ne change en rien l'état général de l'individu, comme fait celle des testicules, & c'est là une des plus grandes preuves que les différences physiques résultant des seuls organes de la génération, ne sont pas ainsi que je l'ai dit, les plus grandes que les sexes, présentent entr'eux ; mais revenons à la femme,

& convenons que la perte de *l'uterus*, si elle pouvait avoir lieu, accidentellement (ainsi qu'il en existe des observations, dont je suis loin de garantir l'authenticité, & même d'en croire la possibilité, n'ôterait pas, ou lorsqu'elle a lieu par l'effet d'une aberration naturelle attestée par plusieurs faits authentiques dont les ovaires ne présentent pas d'exemple, convenons, dis-je, que cette perte n'ôte pas à la rigueur, à la femme la faculté d'être fécondée, de pouvoir fournir tout ce qui est exigé d'elle pour l'efficacité de cet acte, & pour le développement ultérieur de son résultat, puisque, ce même organe présent, il est arrivé, par l'effet de circonstances inconnues, que la nature ne s'en soit pas servie, ainsi que le prouvent les grossesses *extra - utérines*. Il est bien certain au contraire, que s'il était possible d'extraire les *ovaires*, *l'utérus* restant, non seulement la fécondation n'aurait pas lieu, mais la disposition individuelle en tout ce qui dépend spécialement du sexe, j'en suis persuadé, ne se développerait pas si déjà cela n'était fait, & on aurait un *monstre*, je ne dirai pas d'un nouveau genre, dans la crainte des plaisanteries, mais d'une nouvelle espèce, &, qui ne serait peut-être pas moins éloigné de son type originaire que celui à qui, une opération barbare, analogue à celle dont je parle & malheureusement plus praticable, arrache les moyens de devenir homme (1).

Mais chassons loin de nous une idée si horrible! sans avoir besoin de suppositions si dégoûtantes, la nature dans ses aberrations, soit primitives à l'époque de la formation de l'individu, soit accidentelles par suite de nos propres écarts, ne nous offre que trop de faits propres à justifier la comparaison que je viens de faire entre certains des organes de la génération appartenant aux deux

---

(1) Ce qui prouverait que la femme ne ressemble ni à un enfant, ni à un *eunuque* ; mais, ainsi que j'ai cherché à l'établir dans tout le cours de cette dissertation, qu'elle a son organisation particulière qui est encore mieux prouvée partout ce qu'on a dit sur la femme sans avoir encore pu la dépeindre parfaitement. Il est vrai qu'on n'a pas directement comparé la femme à l'eunuque, mais bien l'eunuque à la femme ; or, il est aisé de voir que cette disposition inverse de la même proposition n'en change pas la valeur, & ne diminue en rien ce qu'elle a de honteux pour la femme, ou plutôt pour ceux qui peuvent jusqu'à ce point heurter les convenances & méconnaître ou pervertir les faits. Au reste cette comparaison biscornue doit sans doute sa source à ce préjugé ridicule qui veut que la femme soit un homme imparfait. C'est bien là l'histoire du lion terrassé par l'homme ; cette comparaison & ses effets laissent bien d'autres développemens à faire.

sexes; & n'est-ce pas à une *neutralisation* (1) quelconque des *ovaires*, qu'est due une grande partie de ces stérilités étonnantes & dont la cause est inconnue, tout étant d'ailleurs, de part & d'autre, dans la disposition la plus convenable? N'est-ce pas à la même cause (n'y en ayant aucune autre appercevable) qu'est due quelquefois cette répugnance marquée & vraiment extraordinaire qu'éprouvent certaines femmes pour l'acte qui a pour but la reproduction? J'ai déjà recueilli plusieurs cas particuliers qui motivent cette question; & lorsque cette circonstance singulière, plus contre nature, &, à la vérité, moins rare que l'excès opposé, est accompagnée de symptômes *pathologiques*, dont on ne peut sûrement reconnaître ni raisonnablement assigner la cause, elle peut mettre sur la voie qui conduit à sa découverte (ainsi que cela m'est déjà arrivé), & devenir

---

(1) J'ai balancé à employer cette expression & j'ai été sur le point de lui préférer celle de *paralysie*. Cependant comme mon intention est de désigner l'anéatissement ou l'annullation générale de la fonction de cet organe sans détermination *des causes*, j'ai trouvé qu'elle était le mot propre, & préférable de toute manière, au second qui à raison du sens précis qu'il signifie, n'aurait pas bien rendu l'idée abstraite que je veux exprimer.

d'une grande utilité dans la pratique ; car ce qui tient aux vices organiques des viscères, présente si souvent tant d'obscurité par soi-même, & souvent tant d'obstacles accessoires (comme dans le cas des organes dont je parle) qui s'opposent à ce qu'on le saisisse parfaitement, que tout ce qui tend à en faciliter un peu le moyen devient très-précieux.

Je me rappèle qu'en parlant du rapprochement que j'ai fait entre quelques-uns des organes de la génération (tels que les *ovaires* & les *testicules*) particuliers à chaque sexe, je me suis servi du mot *comparaison*. Je ne prétends pas pour cela, je dois le dire, que les *ovaires* soient de vrais testicules (1), & que ces deux genres d'organes soient en tout semblables, opinion erronée qui a été long-tems en vigueur, & qui a eu beaucoup de partisans. Je veux seulement donner à entendre & prouver, s'il est possible, qu'ils sont comparables entr'eux, sous le rapport du degré de leur importance pour l'acte auquel ils doivent coopérer en commun, & que l'organe destiné à former, élaborer & fournir la substance quelconque qui doit être fécondée ou mise en mouvement pour se dé-

____

(1) Comme pourrait le faire présumer la citation de la note de la *page* 137, considérée sous un autre point de vue que je ne l'ai fait.

velopper & produire un nouvel être, très certainement ne le céder en rien à l'organe destiné à former, élaborer & fournir la substance fécondante ou qui doit donner ou déterminer l'impulsion dont le développement d'un autre individu sera le produit, & sans laquelle il resterait dans le néant : ceci, je pense, est suffisamment prouvé par ce que j'ai dit en faisant le rapprochement qui a donné lieu à cette réflexion, & que je pourrais, au besoin, appuyer par quelqu'autre considération physique.

Malgré qu'il ne me soit pas possible, & que je n'aie pas le dessein de m'occuper de tout ce qui tient aux organes génitaux, je ne crois pas pouvoir me dispenser de dire un mot sur l'une des fonctions (dont j'aurai sans doute occasion de parler), qui paraît principalement due à l'action de l'*uterus.* Il n'est pas besoin de nommer le flux menstruel, pour faire connaître que je veux indiquer cette fonction si étonnante par tous les phénomènes, soit ordinaires, soit extraordinaires qu'elles présente (1) , plus étonnant encore dar tout ce

---

(1) Puisqu'elle a déja ce caractère particulier & remarquable d'être, de toutes les fonctions régulières qu'exécute l'organisme animal, celle qui éprouve la plus longue intermittence.

qu'elle

qu'elle a donné lieu d'imaginer & de dire de faire.

De ces nombreux détails, tous plus ou moins intéressans, je me hasarderai d'extraire un seul point. Il a pour objet la plus singulière & la plus piquante des *controverses physiologiques* ; car cette fonction en a aussi fait naître de plus d'un genre, sur sa cause éloignée, sa cause prochaine, sur la source directe, le siége positif, la nature particulière de l'excrétion qu'elle opère, sur son usage certain, &c., &c., que je laisserai de côté pour examiner cette opinion émise par je ne sais quel auteur car ce n'est pas par celui qui a cherché il n'y a pas bien des années, à lui donner un certain degré de probabilité) que le flux menstruel n'est qu'accidentel chez la femme, & ne doit pas être regardé comme un attribut de sa constitution primitive, ni, par conséquent, comme ayant quelque rapport avec la génération. Il fallait bien, en effet, qu'il en eût été question avant le docte & éloquent médecin dont je parle, puisque F. Hoffmann dit quelque part que la menstruation dépend d'un effet naturel ; à quoi bon nous apprendre une nouvelle si connue, insister sur une vérité si claire, s'il n'eût pas su qu'elle avait des contradicteurs ? Si cette opinion fut née d'aujourd'hui, elle n'aurait rien qui dût nous étonner ; quand on en-

P

tend nier l'existence de la *rage*, nier les bienfaits de la *vaccine*, quand on entend soutenir qu'un homme se sert des plus forts *acides* comme du gargarisme le plus *anodin*, soutenir qu'un individu qui a la tête séparée du tronc, entend, voit, regarde, soupire & parle presque, &c., &c.,; & il n'y a plus rien d'étonnant ni d'impossible. Heureux si nous revenons dans le tems si favorisé du ciel, dans le tems des miracles; nous ne sommes pas sans en avoir besoin; & j'avoue franchement, qu'il ne me faudrait rien moins qu'un de ces grands moyens *contre-nature* pour me persuader & persuader, je crois, quiconque connaît un peu les fondemens, la marche & les lois de l'organisme animal, qu'elle est acquise & n'est qu'un simple effet de l'hérédité qui se réprésente dans d'autres dispositions physiques & physiologiques, la fonction qui se retrouve, à quelques exceptions près infiniment rares, chez tous les individus de la classe à laquelle elle paraît exclusivement appartenir; qui, chez tous, est soumise à des règles constantes, invariables sous peine, dans les cas d'infraction d'un dérangement de la santé, souvent très-grave, & quelquefois même mortel; — qui, chez tous, est soutenue de tous les efforts de la nature pour son établissement primitif à l'époque déterminée par elle, pour son maintien, son rappel dans les cas de suspension prévus ou imprévus, ou pour obtenir son équivalent dans une deviation quelconque, quand elle ne peut faire mieux; — qui, chez tous, est le principal signe de leur aptitude à la fécondation, pour ne pas dire qu'elle leur soit essentielle pour cette autre fonction, ce qu'il serait cependant bien permis d'affirmer en voyant la stérilité accompagner sa cessation naturelle, & presque toujours son non établissement; —qui, chez tous, à quelques variations près, dépendant des localités paraît, existe & cesse aux mêmes époques & dans les mêmes circonstances; — qui est établie de tems immémorial; — qui, dans un monde absolument inconnu au nôtre, s'est trouvée exister aussi & d'une manière absolument semblable; — qui, en la considérant comme une *affection pathologique*, s'annoncerait par l'un des symptômes les plus graves, les plus effrayans, lequel n'est cependant rien, lorsque le mot *nature* est là pour nous rassurer; — qui même, malgré la circonstance la plus favorable à sa suspension, s'indique encore quelquefois (1); — qui, enfin, malgré

____

(1) Il paraît même qu'anciennement, ou au moins chez les Grecs, le flux menstruel accompagnait l'état de grossesse plus souvent qu'il ne fait parmi nous. C'est du moins ce que je pré-

P 2

cette loi bien connue & bien exacte, que la nature tend toujours à reprendre ses droits, ce dont les affections le plus constamment héréditaires, l'entretien des espèces factices parmi les animaux & les végétaux, offrent des preuves incontestables, qui, dis-je, ne paraît pas, depuis cinq à six mille ans qu'elle existe, avoir fait un pas rétrograde, ni avoir fait ultérieurement de dangereux progrès, ce qui aurait dû arriver si elle provenait d'un vice organique accidentel, eu égard sur-tout à la situation & à l'usage de la partie affectée. N'en doutons donc pas, pour un semblable effet, il faut une toute autre cause. S'il reconnaissait celle-ci, on n'oserait pas trop condamner tout ce qu'il a fait dire d'injurieux, tout ce qu'il a fait éprouver de désagréable à la femme ; & on aurait presque raison de le regarder comme une imperfection, une tâche : mais si cela en est une, c'est, à coup sûr, la *tâche originelle*.

---

sume qu'on peut inférer de ce passage du phylosophe de Stagyre, extrait de l'article si important & si bien tracé concernant tout ce qui a rapport à la femme enceinte, & que j'ai eu bien de la peine à ne pas transcrire ici, où il dit : *Nauseæ item et vomitus*, plurimas Capiunt, & *præcipue quibus pugationes constiterint*, necdum ad ubera trauseant.

CONSIDERATIONS

PHYSIOLOGIQUES

SUR LA FONCTION

DES MAMELLES.

On dirait que la nature ne se complait à rien tant qu'à se jouer de nos vains efforts pour pénétrer dans son sanctuaire & lui arracher le secret de ses œuvres mystérieuses. En plaçant, par fois, le grand jour à côté de l'obscurité, on dirait qu'elle ne se découvre que pour se cacher mieux à nos faibles yeux, qui n'en distinguent pas la différence. Que l'homme ose donc après cela, se dire son rival & peut-être quelque chose de plus encore. Pour convaincre de cette vérité les plus incrédules, qui ne sont certainement pas les plus savans, jetons un coup-d'œil sur les mamelles & leur fonction.

Tout ce qui a rapport à la génération est profondément caché, & très-difficile ou plutôt impossible à entrevoir & à saisir. Un instant indivisible suffit pour donner la vie à l'homme, de même qu'un instant indivisible suffit pour la lui ôter, car c'est par un souffle qu'il la reçoit (1), & par un souffle qu'il la perd. Il n'en est pas ainsi de la fonction que les mamelles ont à remplir pour son développement. Ici tout est apparent, tout est à la portée de notre examen ; tout se fait pendant un assez long espace de tems, & tout se borne presqu'à savoir que les mamelles fournissent une substance particulière, destinée à servir de première nourriture à l'enfant qui vient de naître ; c'est du moins tout ce qu'on peut recueillir, en dernière analyse de la quantité de recherches, de suppositions faites sur le mode de secrétion du lait, & de toutes les théories dont cette secrétion a été aussi l'objet ; car comme la structure anatomique de cet organe

_____

(1) Les partisans de *l'aura seminalis* me pardonneront cette *métaphore* qui n'en est pas une pour eux & qui se rapporte assez à la généalogie du principe spirituel, qui constitue notre existence.

ne donne pas l'explication physique des phénomènes physiologiques étonnans qu'il présente, il
a bien fallu, comme c'est l'ordinaire en pareil
cas, chercher à la deviner. Mais y est-on parvenu en regardant, comme raison suffisante, de
la secrétion opérée si rapidement par les mamelles, la correspondance nerveuse & vasculaire
de ces organes avec l'*uterus* ; l'augmentation du
calibre des vaisseaux qui établissent une partie
de cette correspondance, à l'époque où la secrétion du lait doit avoir lieu ; l'affinité prétendue
que les mamelles ont avec *le chile* ; sa ressemblance supposée parfaite avec le lait, & son
passage direct dans les mamelles, ce que l'anatomie & l'expérience démentent formellement ;
l'invention absolument imaginaire de vaisseaux
galactophores, autres que ceux qui se rendent
de la glande au mamelon, &c., &c., &c. ? Non
sans doute on n'explique rien par ces diverses
hypothèses *sympathiques, physiologiques, anatomiques, physiques & chimiques* sans qu'il
y en ait de *naturelles* ; & il faut remarquer que
tous ces moyens, soit ceux qui peuvent avoir
quelque chose de réel, mais qui sont insuffisans ;
soit ceux qui reposant sur le mécanisme le plus
grossier & le plus opposé à la marche ordinaire
de la nature & à la notoriété des faits, rendent

plus obscure ce qu'ils veulent expliquer, pêchent tous en cela, qu'ils sont absolument indépendans de l'*action propre* de l'organe mammaire qui devient alors complètement inutile (1) (& la nature a rarement fait quelque chose d'inutile); & qu'il il n'y a pas de raison, dès qu'une fois on les suppose établis & mis en jeu, pour qu'ils cessent jamais d'agir dans le même sens; ce qui est, & très-heureusement, bien contraire à l'expérience.

Une observation aussi juste & aussi frappante n'aurait-elle pas dû faire rejeter aussitôt qu'imaginer ces suppositions, pour recourir à une explication, sans dire plus réelle & plus positive,

---

(1) Prouvons-le par un exemple : n'est-il pas vrai que si le *lait* était formé immédiatement par le *chile* arrivant directement aux mamelles, & que la ressemblance ou l'homogénéité de ces deux humeurs fût parfaite, l'organe glanduleux, qui est bien certainement l'organe mammaire, n'aurait rien à faire ; à moins qu'on ne voulut lui attribuer la fonction passive de servir de *réservoir* au lait : ou au *chile*, ce qui serait la même chose ? mais sa structure anatomique, & la structure anatomique des autres organes qui sont réellement destinés à servir de réservoirs, nous démontrent jusqu'à l'évidence que ce n'est pas là l'usage auquel les mamelles sont destinées.

au

au moins plus rationelle & plus probable ; je viens de l'indiquer en nommant l'*action propre* de l'organe ; action qui certainement est analogue à celle qui se passe dans tous les organes sécréteurs. Par-là, effectivement, nous voyons, sinon positivement démontré, au moins expliqué d'une manière très-plausible, pourquoi la sécrétion du lait ne s'opère que quand une cause physique vient déterminer cette action de l'organe, en se joignant à la disposition naturelle qui existe en lui, & qui peut être accidentellement augmentée par quelque rapport *physiologique*; pourquoi cette cause physique suffit quelquefois seule pour déterminer cette action, ainsi que des vierges, des femmes n'ayant pas d'enfans, en ont fourni la preuve (j'aurais même pu ajouter des hommes, si j'étais aussi amateur du merveilleux que du vrai ou du vraisemblable); pourquoi tout ce qui tend à augmenter cette cause physique, augmente en même tems cette *action propre*, & par conséquent (car cela en est la preuve) la quantité de la sécrétion; pourquoi dans les premiers tems de la cessation de l'allaitement, ou lors du *non-allaitement* après l'accouchement, les délayans, les relâchans, les légers anti-spasmodiques, les légers diaphorétiques à l'intérieur, les émolliens, les calmans employés à l'exté-

Q

rieur, sont en général de meilleurs *anti laiteux*, que les sudorifiques, les résolutifs échauffans, stimulans, dont l'emploi est si bannal ; pourquoi il est à peu-près aussi facile à la femme de ne pas allaiter que d'allaiter son enfant (1) ; pourquoi en général l'allaitement entraîne plutôt une maladie actuelle, & le non-allaitement une maladie consécutive & souvent très-éloignée ; pourquoi une irritation un peu forte (2) portée sur un autre organe, peut tout-à-coup faire cesser la sécrétion du lait, ou altérer la qualité de ce liquide nourricier ; pourquoi cette qualité change à mesure que l'enfant auquel le lait est destiné avance en âge ; pourquoi de deux femmes, autant que possible comparables en tout, & nourries de la même manière, l'une fournira un lait d'une meilleure qualité que l'autre ; pourquoi de deux femmes, celle qui aura le moins d'apparence

---

(1) Je ne parle que sous le rapport *physiologique* de la cessation ou de l'établissement de la sécrétion du lait. Car pour tous les autres détails qu'entraîne avec soi l'allaitement, nul doute qu'il ne soit plus facile de ne pas nourrir.

(2) Telle que celle produite par des médicamens trop actifs, une violente douleur, une vive affection de l'âme, *l'imprégnation*, &c.

physique (mais cependant se portant bien), pren-
dra des alimens moins succulens (mais cependant
sains), sera quelquefois la meilleure nourrice ;
pourquoi un petit sein donne quelquefois plus
de lait qu'un sein très-volumineux ? &c., &c.

Mais, me dira - t - on peut-être, ne pourriez-
vous pas fournir quelques données sur cette action importante, qui d'après ce que vous venez
d'exposer, joue évidemment le principal rôle
dans la sécrétion du lait, & nous apprendre en
quoi elle consiste ou comment elle s'exécute ? Je
la crois, je le répète, analogue à celle qui a
lieu dans les autres organes sécréteurs & fondée sur deux moyens, le travail intime de l'organe & son mode particulier de circulation.

Quant au premier point, je ne dis pas il est
probable, mais il est certain qu'on ne parviendra jamais à le connaître. S'agitent, se tourmentent tant qu'ils voudront les faiseurs d'expérience (1) ; c'est un de ces admirables secrets

------

(1) Mon intention n'est pas de jeter du ridicule
sur cette manière d'étudier la nature ; je sais trop
combien elle est utile & agréable, quand elle est
sagement dirigée dans son exécution, & qu'on est
sagement modéré dans ce qu'on en espère. Je veux
seulement faire allusion à l'excès dans lequel en

dont la clef est entre les mains seules du créateur.
Il n'en est pas tout à-fait de même du second.

paraît donner à cet égard ; car on ne va jamais que d'excès en excès. Je veux faire allusion à ces individus, qui, tout fiers de ce qu'une expérience leur a appris, sont persuadés que desormais rien ne peut leur être caché. Un moineau, un poulet, un chien, un chat de plus & les voilà dans la confiance intime de la nature.

Il n'y a pas très long-tems qu'en *physiologie* on voulait tout peser, tout calculer, tout compasser, & quand on avait, avec bien de la difficulté & de l'exactitude (je le suppose,) déterminé le poids, le nombre, le diamètre, la figure, &c., des organes & des matériaux qu'ils mettent en œuvre, on se tenait pour assuré de connaître toutes les loix, toutes les actions, tous les ressorts de la *machine animée.* Aujourd'hui ce n'est plus cela : *Nil medium est :* il faut, avec les yeux de linx ou les yeux de la foi, voir à travers les organes ce qui se passe au dedans d'eux, comme le chimiste à travers son cristal voit ce qui se passe entre les agens qu'il a mis en présence ; je veux pour un instant que cela soit possible : mais connaît-on la force qui détermine l'action de ces agens les uns sur les autres ? C'est-là le neud qu'il faudrait résoudre & non pas trancher. Il n'est cependant pas rare de rencontrer des *savans*

Le sang est la matière organique générale, le principe immédiat dont chaque organe retire ce qui

---

qui, se mocquant, & avec raison, de la folie des
soufleurs, de vouloir faire de l'or sans connaître
les élémens qui constituent ce *corps inorganique*,
prétendent, parce qu'ils savent que *l'azote*, *l'hydro-
gène*, *le carbone*, *le phosphore*, *l'oxigène*, &c,
sont les élémens présumés des substances organiques,
qu'ils parviendront à recomposer ces substances telles
qu'elles étaient avant d'en retirer des principes. J'en
connais qui ont une foi assez robuste pour croire & affirmer qu'ils arriveront bientôt à ce point de perfection.
Je les range dans la classe de ceux qui m'ont très sérieusement soutenu avoir injecté les nerfs, (*V. Bib. Fse.*)
avoir vu le fluide nerveux, guéri des affections organiques internes du genres de celles qui exigeraient un viscère neuf, & bien d'autres choses non moins curieuses,
mais si extraordinaire que je n'ose les rapporter dans la
crainte de passer pour un romancier. Il est vrai
que je suis très jeune, je cherche à m'instruire,
j'écoute tout & rien n'enhardit autant un impudent
ou un sot que de se voir écouté.... Heureusement
pour tous ces faiseurs de miracles que la nature est
bonne mère : elle sait que notre existence dépend
de son secret, elle le gardera. Car si nous par-
venions à nous en rendre maitres nous voudrions à

lui est nécessaire, & pour son propre entretien & pour l'entretien de la fonction spéciale qu'il a à remplir relativement à l'organisme général, ce qui regarde particulièrement les viscères & les glandes.

Sous ce rapport ces organes se divisent en deux grandes classes : l'une renferme ceux, tels que le *foie*, les *reins*, dont l'action est permanente & à l'abri de toute influence stimulante de la part d'une cause physique bien prononcée & qui n'agiroit, selon le vœu de la nature, qu'à certaine époque ou pendant certaine circonstance de la vie : il sont par conséquent livrés à leur propre action qui doit toujours se faire, sauf les accidens *pathologiques*, d'une manière à peu près uniforme : il a donc fallu que les mesures fussent prises pour qu'ils reçussent constamment la même quantité de sang; que cette quantité fut déterminée par l'emploi qu'ils devaient en faire, & qu'ils eussent en conséquence des vaisseaux d'un diamètre proportionné à cette quantité.

---

coup-sûr nous refaire et quoiqu'elle n'ait pas à s'applaudir beaucoup de son ouvrage, nous pourrions bien faire pire que l'original.

Dans l'autre classe viennent se ranger les organes qui se trouvent dans des circonstances directement opposées, c'est-à-dire, qui n'ont qu'une action manifestement périodique, accidentelle, soumise à l'effet de quelque cause accessoire, ne se développant qu'à certaine époque & quelquefois pouvant ne pas se développer par l'absence de cette *cause accessoire*, &c. &c., tels sont les *organes salivaires*, les *testicules*, & à plus forte raison *l'utérus* (1) & les mamelles; car pour ne parler que de ce qui tient immédiatement à mon sujet, l'accroissement du *fœtus*, qui est une véritable sécrétion, celle du lait remplissent toutes les conditions que je viens d'énoncer; il fallait donc que ces organes, & par conséquent les *mamelles*; je dois particulièrement les nommer (puisque ce sont elles qui m'ont jeté dans cette discussion.) Il fallait, dis-je, que les *mamelles* destinées à avoir des momens ou plutôt de longs intervalles d'intermittence dans leur action, & exposées même à ne pas exécuter cette action, eussent leur système vasculaire san-

---

(1) Pour ce qui regarde la fonction nouvelle qu'il a à remplir après *l'imprégnation* & pendant la gestation, qui bien certainement dépend d'un phénomène accidentel.

guin disposé de manière à ne leur fournir alors que la quantité de sang nécessaire à leur propre entretien, & qu'il y eut un moyen d'en *activer l'afflux* dans le tems de leur action pour fournir à la quantité d'humeur qu'elles devaient sécréter; car il est facile de concevoir que s'il leur fut arrivé autant de sang quand la sécrétion du lait ne se fait pas & ne doit pas se faire, que quand elle se fait, il en serait nécessairement résulté de très-grands accidens par suite du développement immédiat de l'un de ces deux principaux phénomènes pathologiques; engorgement sanguin si la sécrétation ne se fut pas opérée, ou, engorgement laiteux, proprement dit, si elle se fut opéré sans que l'emploi s'en fut fait (1).

Voilà, je pense, ce qui nous explique en partie pourquoi les organes de cette classe & notamment les mamelles ont des vaisseaux sanguins qui paraissent si peu proportionnés à la quantité de sang qui les doivent fournir dans certaines circons-

---

(1) L'expérience *pathologique* me paroît se trouver d'accord avec mon raisonnement, puisque l'événement que j'indique est précisément celui que nous voyons arriver aux femmes, qui, par des circonstances particulières, se trouvent dans l'un des deux cas que je suppose.

tances.

tances. Qu'arrive-t-il alors, & comment la nature
pourvoit-elle à cette insuffisance apparente de ses
moyens ? Il parait que c'est en augmentant l'activité de la circulation dans l'organe même qui a
besoin de recevoir plus de sang qu'il ne faisait auparavant ; en effet, pour peu qu'on ait observé les
phénomènes de la circulation, on a dû s'appercevoir qu'ils varient, non-seulement suivant les organes, ce qui dépend, ainsi que nous venons de le
voir, de la disposition physique de leurs systêmes
vasculaires, mais aussi suivant le degré de sensibilité, d'énergie, d'activité de ces organes ; en sorte
que tout ce qui tend à augmenter ces facultés,
augmentera en même tems l'activité de la circulation, & fera que l'organe qui, dans l'état ordinaire, ne recevait que telle quantité de sang donnée, en pourra recevoir deux ou trois fois autant,
& peut-être davantage. Or, cette augmentation
est l'œuvre de toute espèce d'irritation, soit naturelle, soit accidentelle : pour cette dernière cause,
elle arrive même dans les parties qui, par leur
nature & celle de leur fonction ordinaire, ne sont
pas destinées à l'éprouver, & qui cependant,
voyent, par leur effet, le sang leur surabonder,
(d'où résulte l'inflammation) & une humeur nouvelle se former dans leur propre tissu, d'où résulte
le *pus*, qui est une véritable sécrétion morbifique

R

& curative. *Morbifique* d'abord, puisqu'elle est déterminée par une irritation contre nature ; *curative* ensuite, en ce qu'elle tend à faire cesser les accidens inflammatoires, lorsque rien ne les renouvelle, comme dans le cas d'un *phlegmon* simple qu'on laisse s'abcéder, s'ouvrir, supurer & guérir, & en ce que, dans les cas contraires, (comme ceux des exutoires qu'on veut entretenir), en continuant de se former, cette sécrétion diminue ces mêmes accidens par une raison commune aux deux circonstances, laquelle est l'emploi de la urabondance du sang.

Si les choses se passent ainsi dans les organes que la nature n'a pas destinés à éprouver ces changemens, qu'on juge de ce qui doit avoir lieu pour ceux de l'action spéciale desquels ils font une partie essentielle ; & qu'on cesse d'être étonné comment, avec si peu de moyens *mécaniques*, les mamelles jouissent d'une si grande activité *physiologique;* & qu'on me dise si, d'après cette *théorie,* qui est elle-même toute *physiologique, on ne voit pas, sinon positivement démontré, au moins expliqué d'une maniere très-plausible, pourquoi* la sécrétion du lait, &c. (Voyez page 153.)

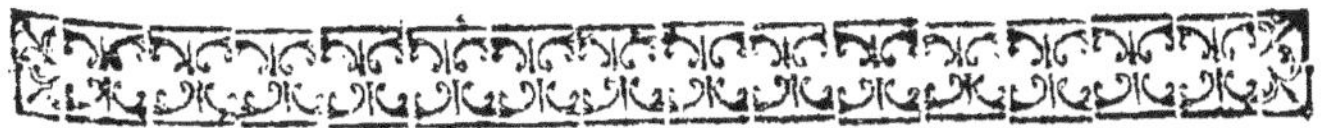

CONSIDERATIONS

PHYSIOLOGIQUES

GÉNÉRALES.

Je dois terminer cette partie, par quelques considérations générales qui n'ont pas dû être placées dans le cadre méthodique que nous venons de parcourir ; ce sont celles qui ont rapport aux différentes époques de la vie de la femme.

Ces époques peuvent se réduire à trois principales ; l'enfance, l'âge de la fécondité & la vieillesse.

Dans la première partie, celle qui traite des caractères physiques de la femme, nous avons vu que ceux qui lui sont propres s'indiquent dès l'enfance ; cela seul prouve qu'il doit en être de même sous le rapport physiologique, puisque rien n'a lieu au physique qu'il ne soit l'effet de l'action organique. Mais comme ici le résultat est plus important que la cause, & que j'ai particulièrement insisté sur ce résultat ; je ne m'arrêterai pas à la recherche de tout ce qui tient à cette cause, recherche moins essentielle que beaucoup d'autres choses que nous avons été obligés d'omettre, & par conséquent ne devant pas trouver place dans un essai aussi sommaire que celui-ci ; c'est pourquoi je me bornerai à ce point, la différence sensible qui ex\`ste dans la quantité respective d'alimens employés par des enfans de même âge, mais de sexes différens ; & cependant celui qui en consomme le moins, la fille se développe plus promptement, & arrive plus promptement au terme de son accroissement, d'où il suit qu'il faut bien distinguer la plus grande rapidité du développement de la femme, de sa disposition naturelle à un développement moins grand, car c'est ce qui fait que les dispropoitions de la taille entre des enfans du même âge, & de sexes différens, sont assez souvent moins grandes, que lorsque les uns & les autres ont acquis tout ce qu'ils doivent acquérir sous ce rapport ; c'est aussi ce qui prouve dès l'enfance la justesse de l'observation que j'ai précédemment faite, sur le besoin motivé dans lequel est la femme de prendre moins d'alimens ; sur le plus grand parti qu'elle en tire, & le moins de perte habituelle qu'elle fait. Observation qui, je le répète, s'indique de très-bonne heure chez les jeunes filles.

Elles ont aussi en général le ventre *très-paresseux*, & souvent même dès le tems de l'allaitement, j'ajouterai qu'il n'est pas rare d'en voir qui sont plus maigres que des garçons du même âge, ce qui se maintient souvent jusqu'aux approches de la puberté, où une augmentation manifeste dans l'appétit, dans le besoin de prendre des alimens annonce & prépare les grands changemens qui vont s'opérer dans la jeune personne du sexe (je parle de celle qui jouit d'une bonne santé), & allume la première étincelle de l'*orgasme*, de l'état *phlogistique* (1) général qui doit en être le principal agent.

------

(1) Je m'attends à quelqu'observation sur l'expression *phlogistique* que j'emploie ici. Aurai-je dû me le permettre quand les chimistes, ces puristes par excellence, puisqu'en *choses et en mots* ils ne doivent se servir de rien dont ils ne connaissent parfaitement la nature & la valeur, ont chassé de leur nomenclature méthodique le *phlogistique* comme un

Mais qu'est-ce que la puberté ? c'est cette époque de la vie où sans être parvenue à leur dernier degré d'accroissement, l'homme & la femme ont cependant acquis une sorte de maturité qui les rend propres à travailler avec fruit à l'œuvre de la réproduction. Elle ouvre une

---

être de raison, ou mieux, un être sans *raison*, dont par conséquent la dénomination est un mot vide de sens. Cela est très vrai pour la chimie ou toute autre application physique qu'on voudrait lui donner ; et c'est précisément pour cela que je le crois très convenable dans la circonstance où je m'en serts, et très susceptible d'être adopté dans la *physiologie* et la *pathologie*, puisqu'il n'entraîne après soi que l'idée d'un phénomène sans détermination quelconque d'une cause, ou réellement inconnue ou présumée telle, et sans aucune autre idée comparativement toujours nuisible à la langue quand par le secours de l'abstraction et pour représenter une idée abstraite, on est obligé ainsi que cela arrive fréquemment en médecine, d'emprunter un mot qui ailleurs a un sens précis. Tel est par exemple l'expression *inflammatoire*, expression si absurde en médecine et cependant si nécessaire pour s'entendre tant que nous n'en aurons pas une autre plus convenable à lui substituer. Mais la matière médicale ne nous apprend-elle pas que nous l'avons cette expression plus convenable dans le mot *phlogistique*.

nouvelle source aux caractères particuliersd ee chaque sexe, & fait par elle-même le sujet d'une des différences qui se présentent entr'eux, puisque tous deux n'en éprouvent pas en même tems les effets, & qu'ils sont bien plus sensibles, bien plus rapides dans leur succession, bien plus énergiques & aussi bien plus orageux chez la femme.

Je me hâte d'arriver à cette brillante époque, à ce début remarquable du rôle intéressant que doit remplir pour la propagation de son espèce, la plus belle moitié du chef-d'œuvre du créateur. L'homme n'est encore qu'ébauché & on ignore ce qu'il sera, quand déjà la femme est parfaite. Il est encore enfant, quand déjà munie de tous les dons que la nature s'est plu à lui prodiguer, la femme paraît dans la société. Elle y occupe & remplit la place qui lui est destinée pour en faire l'ornement & les délices, que, l'on n'apperçoit pas encore dans l'homme les signes de cette mâle énergie qu'il doit y apporter pour en être le fondement & l'appui. Comment dépeindrai-je les changemens presqu'inexprimables qui s'opèrent chez la jeune fille, & viennent apposer à son *moral* comme à son *physique* l'agréable cachet de son sexe ! Comment pénétrer dans l'atelier sacré de la génération, découvrir la source du principe de la *germination?* Comment suivre ce principe dans toutes les parties qu'il va animer d'une vie nouvelle ? Comment donner quelqu'idée des puissans effets qu'il détermine au dedans , & présenter sous les couleurs vives qui leur conviennent ceux qu'il fait se manifester au dehors? Que puis je dire , sinon que tout indique une augmentation d'activité dans les trois grandes fonctions vitales dont les autres ne sont que les résultats ou les applications diversement modifiées.

Ce n'est plus cette petite fille dont naguères on augurait les charmes ; on les voit chaque jour se former ou se développer ; & de même aussi, que tout est différent en elle, pour elle tout est différent. Voyez ses yeux : leur extrême mobilité n'avait pas d'autre cause que la simple curiosité ; ils brillent maintenant d'un feu nouveau , & cependant ils se lèvent, se fixent avec moins de hardiesse ; ils semblent ignorer ou méconnaître le pouvoir qu'ils ont acquis sur tout ce qui les entoure, où, à mesure qu'il augmente ce pouvoir, ils semblent redouter euxmêmes d'en faire usage ; ses lèvres teintes d'un incarnat plus vif, présentent l'éclat d'une rose dont quelques feuilles se seraient détachées pour rehausser un peu la blancheur de ses joues ; elles

doivent

doivent cet embellissement à l'afflux plus considérable du fluide vivifiant dans leur tissu; le
léger gonflement qui en résulte les rapproche un
peu plus ; on dirait que ce sont elles qui opposent une barrière aux paroles dont cette belle
bouche , auparavant si prodigue , paraît plus
avare depuis qu'elles sont plus dignes d'en sortir , & qu'on est plus jaloux de les recueillir
& d'entendre le doux son de sa voix dont elle
ignore & le changement avantageux & l'empire
que lui donne ce changement. Dans ce bras dont
auparavant tous les efforts indiquaient la faiblesse
& qu'un simple geste peut désormais rendre si
puissant, se remarque l'effet de la tuméfaction
générale de la portion charnue des muscles ;
ce qui, à la gracilité des membres, suite déjà
exposée du rapide accroissement qui précède cette
époque , fait succéder un développement nécessaire pour leur perfection dont le dernier complément est opéré par la mollesse, la rondeur &
toutes les autres modifications agréables dont le
tissu cellulaire, par suite de sa nouvelle manière
d'être, se trouve le principe ou l'agent. Car, alors
ses aréoles ou mailles plus remplies de sucs
gélatineux & graisseux effacent les intertices &
les enfoncemens musculaires, adoucissent encore
la saillie des protubérances osseuses , toujours

moins marquées que dans l'homme, ou elles sont un des caractères de la virilité & un des signes de la mâle vigueur. Ce tissu cellulaire, cet organe si important sous ce rapport physique qui en fait un des principaux artisans & soutiens des grâces, de la fraîcheur & de la beauté, cette toile organique, aussi importante peut-être & beaucoup trop négligée sous le rapport de ses fonctions physiologiques, présente la même disposition dans toutes les parties, & par tout opère dans les formes un changement aussi avantageux, & la peau, dans toute son étendue, par une double impression, en fait appercevoir le délicieux & séduisant effet. On reconnaît aussi celui que la taille plus élégante produit sur la démarche qu'elle rend plus majestueuse ; en un mot, chaque jour alors, de la part de la nature, apporte à la femme quelqu'un des brillans attributs qui par leur réunion constituent cette disposition physique, indéfinissable, que nous nommons beauté, & dont le pouvoir est tel qu'Homère a voulu en donner l'idée, en représentant les deux plus puissantes parties du monde armées par elle & pour elle, & les vieillards mêmes, les vieillards si peu indulgens pour les fautes de l'amour, oubliant à son aspect les maux qu'elle attire sur leur malheureuse patrie.

Je viens de prouver qu'il est plus facile de remarquer que de bien dépeindre les effets extérieurs, les changemens physiques opérés dans toute la structure de la femme par cette grande révolution sexuelle déterminée par la puberté. Il m'en reste cependant de plus grands, de bien plus importans, de bien plus admirables à faire connaître, & je sens ici redoubler mon embarras.

Trop impénétrable nature, aide-moi toi-même à découvrir tes secrets! fais que je puisse apprendre & dire par quelle cause tous les systêmes particuliers, dont l'ensemble forme le système général & sublime de l'organisme animal, reçoivent un nouveau degré d'énergie & d'activité, qui diffère cependant dans chaque organe, suivant celui de ces systêmes qui y prédomine! ou bien, modérant mon ambition de savoir, me renfermant dans les les bornes étroites de més connaissances, je me contenterai, admirateur discret & réservé, d'observer les faits! Car, le voile nouveau dont tu cherches alors à couvrir ton sanctuaire, ne manifeste-t-il pas ta volonté formelle d'en laisser la cause première & la manière dont elle agit, à jamais cachées? Ainsi, quelque soit cette cause, le premier enseigne de l'existence, le moteur permanent du sang; le cœur, à l'époque de ce redoublement de la vie, agit sur ce fluide avec plus de force, les artères l'imitent ; l'impulsion devient générale & se répète : de-là, chaleur organique plus grande, mouvement fébrile plus ou moins sensible dans toutes les parties ; mais c'est principalement en faveur des organes de la génération, en faveur des mamelles, & directement vers l'*utérus* que cet effort est déterminé. Il s'annonce ordinairement par un léger prurit, du gonflement, un nouvel accroissement dans ces parties, de la pesanteur, de l'engourdissement dans les parties adjacentes, &c, une pléthore locale en est le résultat ; une transsudation séreuse l'effet préliminaire ; le sang s'échappe, & les *règles* s'établissent. Qui sait même si cette *chair coulante*, cette *humeur vivante*, ce *liquide organisé* (1) n'affecte pas, en même tems, une manière d'être particulière, & ne concoure pas lui-même à cette irruption (2) ?

---

(1) L'analyse chimique & *l'autopsie* démontrent la justesse de ces expressions dont le père de la médecine s'est servi le premier.

(2) Ne pourrait-on pas répondre hardiment par l'affirmative s'il y avait quelque chose de vrai dans tout ce qu'on a débité sur la nature, la qualité & les propriétés extraordinaires du *sang menstruel*. Il serait curieux & point du tout inutile de faire des recherches à ce sujet qui a, plus qu'on ne pense

signe certain & tant desiré qui annonce à la jeune fille qu'elle est digne d'un autre titre, & qu'elle peut devenir *mère*.

D'un autre côté, le systême nerveux, & déjà j'aurais dû le dire, s'il était possible de parler de tout en même tems ; ce systême, dis je, exerce une bien plus grande influence sur toutes les fonctions vitales ; de-là cette augmentation de la sensibilité, source générale de ces fonctions ; augmentation que j'ai précédemment annoncée, & dont on voit une preuve manifeste dans l'action des organes des sens, dans les impressions que font sur eux les objets extérieurs, dans la manière dont elles sont transmises au *centre sensorial*, dans les sensations qui en résultent ; en un mot dans toutes les facultés de l'âme, & particulièrement dans celle qui en est comme la réunion ou le complément, l'imagination ; imagination, faculté tout à-la-fois précieuse & funeste ! Maintenue dans de justes

---

d'abord, des rapports directs avec la manière d'être des deux sexes. Mais cela ne peut être l'objet d'un simple sommaire. Au reste, fut-il certain, comme je le pense, que tout ce qu'on en a dit soit faux et fondé sur d'absurdes suppositions, cela ne prouverait pas que j'aie eu tort de faire la question qui a donné lieu à cette note.

bornes, & sagement dirigée, tu deviens la source du bonheur, si jamais il peut exister pour l'être qui pense & qui sent ; mais plus terrible dans tes écarts, au fantôme passager de quelques vains avantages, tu substitues les maux les plus réels & les plus durables......

Cette réflexion morale ne paraîtra pas du tout étrangère à mon sujet, si l'on considère les circonstances dans lesquelles se trouve la jeune personne, alors qu'elle commence à entendre la voix de la nature. Elle n'en comprend pas d'abord l'idiome énigmatique. Mais cette exaltation nerveuse ; un frémissement particulier qu'elle a senti, & qui se renouvelle à la vue du compagnon des jeux de ses premiers ans, l'impression inexprimable qui la poursuit, même quand elle ne le voit plus ; le vide qui se fait sentir au-dedans de son âme avide des nouvelles sensations, qu'à peine elle a goûtées, & qu'elle desire savourer ; l'intérêt plus vif que lui témoigne la société dont elle fixe tous les regards, dont elle captive toute l'attention ; l'aspect nouveau que tout ce qui l'entoure prend à ses regards étonnés ; les efforts constant de son imagination pour expliquer le mystère dont elle se voit l'objet ; des songes qui par fois lui en montrent confusément le but, tout, en un mot, tout concourt avec l'ardente

& sensible adolescence à déchirer, malgré toutes les précautions possibles, le bandeau de l'insouciante & froide enfance, & à instruire de son nouvel état la jeune fille devenue *pubère*. Elle n'ose avouer à son cœur ému, troublé la secrète joie qu'elle en ressent. Mais ses traits faiblement altérés, le léger & aimable embarras, effet du combat intérieur qu'elle se livre à elle-même, la trahissent; elle s'en apperçoit; son embarras redouble, sa poitrine se dilate, se resserre aussitôt & laisse enfin échapper le premier soupir de la pudeur, ce sentiment précieux, soutien de l'innocence, sauve-garde de la pureté morale & physique; & que je me garderai bien de définir, persuadé que je suis, indépendamment de la difficulté de le faire, que la définition que j'en donnerais serait toute opposée aux idées reçues, puisque je ne regarde point la pudeur comme un sentiment naturel à la femme. Je viens de donner une preuve qu'il est acquis (1). Je pourrais le prouver par beaucoup d'autres faits; mais ils seraient trop étrangers au point dont je m'occupe

----

(1) Voyez si ce que j'ai dit page 22, n'en est pas une autre non moins évidente. Voyez aussi page 49.

en ce moment (1). Qu'il me suffise de dire, que considéré ainsi, ce sentiment est un des plus beaux témoignages en faveur de la perfectibilité de l'espèce humaine, & de la femme en particulier, dont il fait le plus bel éloge; tandis, que considéré autrement, il n'ajoute rien à son mérite, & devient un outrage fait à la nature, qu'il accuse ouvertement d'une contradiction qui la rendrait bien coupable ou bien injuste envers la femme (2). Ignore-t-on, en effet, que toutes ses

(1) Ils appartiennent spécialement aux considérations sous le rapport moral et philosophique. L'opinion, à l'appui de laquelle je les fait servir, est une de celles que je me suis le plus attaché à discuter à raison du préjugé contraire, qui est si généralement et si profondément enraciné. Je me rappelle qu'on a cité, il y a quelque tems, comme une preuve irréfragable & en quelque sorte miraculeuse en sa faveur, ce fait des Égyptiennes, qui même atteintes de *manie*, se voilent la tête lorsqu'elles apperçoivent des hommes. Je soutiens que cette preuve est sans aucun fondement et même ridicule. Mais voulut-on sérieusement en faire usage, il est très-facile de la réfuter.

(1) *Muliebribus amoribus majorem licentiam natura concessit*, a dit le prince des orateurs latins, qui se montre ici aussi profond naturaliste, qu'il s'est

vues

vues se portent du côté de la reproduction? Elle
a combattu toutes les raisons & tous les moyens
que la femme aurait de s'y refuser, par la raison
la plus puissante celle d'un empire irrésistible
de la part des organes sexuels, empire qui dès le
premier instant qu'il s'est fait entendre, répète
sans cesse à la femme au nom de la nature, ce
vers du plus aimable des poètes qui, sans paraître beaucoup réfléchir, a souvent dans un mot
léger, placé un sens très-profond :

Ingratam Veneri pone superbiam.

Il faut bien en effet que tôt ou tard cela arrive;

---

montré grand philosophe dans l'écrit où il a inséré
cette vérité, qui aurait été double s'il eut ajouté *majorem que voluptatem ;* ce qui indique une nouvelle
et très-grande différence entre l'homme et la femme ;
et je trouverais bien encore quelque arrangement puisé
dans la nature, qui confirmerait et motiverait le
jugement de Tiresias, en faveur de l'opinion du
père des Dieux et des hommes que le peintre des
métamorphoses, nous représente un jour,

. . . .*Curas,*

Seposuisse graves, vacuaque agitasse remissos
Cum junone jocos : et major vestra profecto est
Quam quœ contingit maribus, dixisse voluptas.

T

& quelqu'en soit la circonstance & la *cau e so-ciale*, ce n'en serait pas moins une infraction aux lois de la nature, si le sentiment qu'il faut alors déposer était un sentiment inné & venant d'elle. Ce qui confirme encore mon opinion & justifie l'argument que je viens d'établir en sa faveur, c'est que la beauté, ce charme naturel donné à la femme pour attirer & non pour fixer l'homme, (témoins les époux de tous les siécles & de tous les pays,) combat ouvertement contre la pudeur, cette seule & réelle virginité que le sexe essaye bien de conserver, mais en vain. La *volonté physique* par l'effet de semblables dispositions originelles, l'emporte sur le *desir moral & acquis.*

.... *Sed te decor iste, quod optas*

Esse vetat, Votoque tuo tua forma repugnat.

O.

Si l'on veut que j'en indique la cause dé-terminante ; alors, contre l'avis du bon homme par excellence, qui sans être pour cela très-juste envers les femmes, enchérissait souvent sur leur *matérialisme*, je dirai qu'*Amour* en prend bien autant par les oreilles & consé-quemment par l'*âme* que par les yeux, puisque sest le sens de l'ouie qui lui parle directement, &,

Laudatas homini volucris Junonia pennas
Explicat.

O.

Si je ne me trompe, cette ingénieuse métaphore nous peint en peu de mots & la conduite
que les hommes tiennent à l'envie l'un de l'autre auprès d'une belle femme, & le sort que
la beauté de celle-ci lui prépare, malgré tous
ses efforts pour repousser la voix de la nature
qui lui parle dans le même sens ; car la nature
ne se doute pas que son instinct, nos conventions publiques & notre conduite privée, soient
trois points également opposés entr'eux qui ne
formeront jamais le centre d'un même cercle.
Qui en souffre & qui en souffrira éternellement ?
les femmes .... les femmes .... & c'est bien le
cas de s'écrier en parlant d'elles :

Quidquid delirant reges , plectuntur.....

La triste vérité renfermée dans cette assertion
ne sera que trop confirmée dans la section suivante qui va nous montrer le plus fort, em-
ployant constamment, non-seulément la force ,
mais aussi la ruse contre le plus faible, & avec
d'autant plus d'ardeur que ce dernier a plus de

quoi lui plaire par ses qualités physiques. *Force & beauté*, voilà donc bien, ainsi que je l'ai dit, la source principale de toutes les considérations morales & philosophiques auxquelles la situation respective des deux sexes peut donner lieu.

D'après le tableau que je viens d'esquisser, il reste bien prouvé, je pense, que ce n'est pas par leur présence, ainsi que je l'ai dit, mais bien par leur influence sur tout l'individu que les organes sexuels déterminent les distinctions génériques des deux sexes dans l'espèce humaine; &, quand on voit la maturité de la raison, les maladies caractérisées par sa perte (1), la perfection du corps; &c., &c., n'arriver qu'après l'entier développement de ces organes, on a grandement lieu de s'étonner que cette influence ait pu être niée par

____

(1) L'observation a démontré au docteur Pinel, et il l'a établi dans son traité sur la *Manie*, qu'on ne peut être atteint de cette maladie qu'après l'époque de la puberté. Il est vrai que dans l'examen analytique que j'ai donné de cet important ouvrage, j'ai dit que j'avais un fait contraire. Mais que peut un seul fait fourni par un homme qui, d'ailleurs, a pu voir mal (car je ne me tiens pas pour infaillible) contre les observations si nombreuses et le jugement si sûr de l'Hippocrate français.

un des plus célèbres de nos derniers physiologistes. J'insiste, & j'ai dû insister sur cette étrange opinion, pour montrer jusqu'où la manie des systêmes, ou le besoin de dire du *neuf* ou de *l'extraordinaire* pour se faire un nom, peut entraîner les esprits même les plus éclairés.

QUATRIÈME SECTION.

CONSIDERATIONS

SOUS

LE RAPPORT

MORAL ET PHILOSOPHIQUE.

Exposition de quelques données nouvelles sur les rapports respectifs des deux sexes considérés soit dans l'état naturel, soit dans les divers degrés de civilisation.

SANS vouloir pénétrer les intentions les plus profondes de la divine providence, ni juger ses éternels desseins, si cependant l'on proposait la question suivante : *entre tous les êtres animés déterminer quel est le plus malheureux;* interrogeant, examinant tour-à-tour chaque espèce, comparant leurs moyens d'existence, leur manière d'exister, à leurs causes & à leur mode de destructions, les penseurs, les moralistes, en un mot les docteurs de toute classe & de toute espèce se tourmenteraient beaucoup pour chercher le plus disgracié des enfans de la nature. Pour le trouver les uns plongeraient dans les gouffres profonds de l'océan ; d'autres fouilleraient dans les entrailles de la terre ; ceux-ci parcoureraient les déserts brûlants, les plaines glacées qui sont à sa surface ; ceux-là poursuivraient les agiles habitans de l'élément œthéré ; & tous voyant pour chaque espèce, le bien à côté du mal & l'emportant sur celui-ci en somme totale, après bien des peines, des fatigues, des réflexions, ils déclareraient peut-être la question insoluble, tandis qu'il n'en est pas de plus facile à résoudre. Mais pour y parvenir il ne faut pas porter ses regards loin de l'homme sur les êtres qui, à l'abri de son influence, naissent, vivent & meurent selon les lois de la nature ; dès qu'elle leur a donné tout ce qui leur est nécessaire pour l'accomplissement de ces trois points cardinaux de l'existence & qui la comprennent toute entière; dès que rien n'a dérangé la marche de cette existence ils sont donc aux yeux de la nature tout ce qu'elle a voulu qu'ils fussent, ils sont donc tous égaux entr'eux sous ce rapport.

Considérons au contraire ceux de ces êtres qui plus à la portée des efforts de l'homme ont été les plus soumis à sa puissance dominatrice, & nous verrons aussi-tôt que c'est entre ceux-là seuls que peut s'établir la comparaison, & que celui d'entr'eux qui jouit du triste avantage de l'emporter sur tous les autres, est positivement l'être qui touche de plus près l'homme, l'être qu'il regarde comme *moitié* de lui même & qu'il traite comme s'ils n'avaient rien de commun ensemble, l'être devant qui il s'abaisse quelque fois & qu'il opprime toujours. Oui, je ne crains pas de le dire hautement, la question est résolue, & de tous les êtres animés le plus malheureux est la femme. J'en appelle ici à la conscience de tous les hommes quelle que soit leur opinion, quelle qu'ait été leur conduite envers les femmes; quel est celui, si malheureux qu'il soit, qui voudrait changer son sort pour celui de la plus heureuse des femmes qu'il a rencontrées dans la sphère de son existence sociale? Quel est celui, si malheureux qu'il soit, qui n'a pas vu des femmes plus malheureuses que lui même? quel est également celui si réservé, si respectueux, si

bien

bien pensant qu'il ait été à l'égard des femmes,
qui n'ait à se reprocher le malheur de quelques
unes ? Qu'on juge maintemant de ce que font ceux
qui regardent le malheur des femmes comme un
jeu, c'est trop peu dire, comme une tâche qu'il
est de leur devoir de remplir. S'il m'était permis
en ce moment de suivre la femme dans toutes les
classes de la société, dans toutes les circonstances
de sa vie, qu'elles sont celles qui ne fourniraient
pas de nombreuses preuves à mon assertion ? Dans
les palais des grands, où honneur, vertu, respect, estime, amitié, amour & tout ce qui en résulte de plus doux, de plus beau, de plus sacré en
acte & en sentimens, n'existe qu'en formes & en
formules, trouverais-je moins de ces preuves
d'une si désolante vérité que dans les repairs dé-
goûtans de la *vie humaine*, où l'homme, je
parle de l'orgueilleux mâle, dégradé, ravalé au-
dessous du dernier des animaux, a encore bien
au-dessous de lui une malheureuse dont il est le
maître, & le maître d'autant plus absolu, qu'il
n'est arrêté par aucune *comptabilité extérieure :*
mais il n'a là que les moyens *physiques* à sa
disposition (1), & ce sont les moindres par les-

---

(1) Si ce n'est certains sauvages d'Amérique, d'A-
frique & même jusqu'aux nègres esclaves qui, indpen-

V

quels la femme puisse être blessée. Aussi est-ce
moins souvent dans cette classe abjecte que je
l'ai vue, malgré tout ce qu'elle y endure, pleurer
sur son sort, pleurer encore plus sur le sort de sa
fille infortunée, & dans l'excès de sa tendresse
maternelle, desirer ardemment le trépas de cette
chère créature qu'elle regardait, d'après sa propre
expérience, comme irrévocablement dévouée au
malheur ; bien plus, on a vu dans certaine contrée de l'Amérique, des mères que cette triste
considération touchait assez fortement pour les
porter, par un sentiment dont l'effet paraît moins
affreux à ceux qui connaissent tout ce que la
femme éprouve de la part de l'*homme*, pour les
porter, dis-je, à priver leurs malheureuses filles

---

damment des mauvais traitemens physiques qu'ils font,
comme la populace des peuples *policés*, éprouver à
leurs femmes ; les traitent avec un mépris inconnu dans
cette autre classe d'hommes ; mépris qui tient évidemment plus à un sentiment d'orgueil et d'amour propre
raisonnée, qu'à un mouvement de brutalité. Ainsi les
uns se croiraient avilis s'ils buvaient dans le même vase
où leurs femmes auraient bu, les autres s'ils les lais-
saient manger avec eux ; il les font tenir de bout pour
les servir pendant qu'il prennent leur repas, et quand il
est fini, ils leur donnent la permission d'aller prendre
le leur, &c., &c.

du jour qu'elles venaient de leur donner (1). En effet, tout en elles tourne contre elles-mêmes, & quand je considère quel est leur sort chez tous les peuples anciens, modernes, *sauvages*, *barbares*, policés ; quand je pense que les écrivains de tous les siècles, de toutes les sectes, même le sage, le juste par excellence, les pères de l'église chrétienne, (toute favorable que soit cette religion pour les femmes) & les philosophes de l'antiquité, qui ont si souvent, dans le bien comme dans le mal, servi de guides & de modèles aux premiers, semblent lutter entr'eux à qui se déchaînera le plus vigoureusement, & souvent de la manière la plus dégoûtante contre ce sexe qui a tout pour lui, si ce n'est sa faiblesse (2) ; quand je vois que les femmes n'ont trouvé d'appui, de

---

(1) C'est par les femmes des bords de l'Orénoque que cette pratique horrible était suivie. Le sentiment qui la leur avait fait adopter n'était-il pas analogue à celui qui, dans d'autres contrées de la même partie du monde, faisait massacrer les vieillards trop âgés ou infirmes et même tous les malades sans distintion d'âge, ce qui s'exécutait aussi dans diverses parties de l'Afrique.

(2) Qui devrait être un titre de plus au respect, ou au moins à la pitié, auprès de *l'être sublime* qui se vante d'avoir la raison en partag`, mais qui à la vérité ne se pique pas d'en faire usage.

V 2

défenseurs, d'apologistes, que parmi les romanciers & les *poëteraux*, gens généralement, & non pas sans fondement, taxés de folie, je suis presque tenté de croire qu'il entre dans l'intention du créateur qu'elles soient tourmentées, & qu'il ne les a formées que pour les *menus plaisirs* de l'homme, ainsi que nous le raconte l'historien de la création (1), ainsi que d'autres

---

(1) En effet, son existence n'entrait pas dans le plan primitif de ce grand et sublime chef-d'œuvre ; elle n'est due qu'à un amendement ultérieur (les architectes se reconnaîtront là) et cet amendement est dû lui même à l'ennui du premier homme qui était destiné à être *moine* dans toute la force du terme ! ô homme que de folie et d'amour propre dans ce galimathias !

Beaucoup de penseurs subalternes, d'après la pensée d'Aristote, regardent la femme comme un *mâle tronqué* qui existe contre le vœu et les intentions directes de la nature (ce qui rentre assez dans l'histoire de la création dont je viens de faire mention) et ce ne sont pas les plus déraisonnables, puisque d'autres, sans doute d'après la doctrine de Mahomet et de plusieurs docteurs et père de l'église, même réunis en concile lui ont disputé le titre de créature humaine. Alors la question suivante, *an ad mulæ, an vero ad capræ naturam propius accedat ?* faite à son sujet, dans des tems peu reculés, n'a plus rien d'impertinent ni de ridicule ; car encore faut-il savoir de quelle nature elle est… Au reste, on ne peut

écrivains l'ont très-sérieusement répété, & qu'en
sont sans doute persuadés tous les hommes, d'a-
près la conduite qu'ils tiennent généralement envers elles. Pour ne pas nous contenter d'une
simple assertion, parcourons rapidement les diverses époques de la vie de la femme, depuis le
premier instant de son existence jusqu'à celui qui
la voit se terminer selon les lois de la nature.

C'est par la malheureuse intervention de la
femme que s'ouvre la scène des maux qui doivent
à jamais affliger l'humanité ; c'est par elle que
l'homme, dont la paresse fait les délices & le
tourment, se trouve éternellement condamné à
tremper son pain de la sueur de son front : ne
nous étonnons donc plus si, par une justice humaine émanée de la justice divine, l'homme
poursuit si opiniâtrement dans tous les êtres de ce
sexe, la faute innocente de l'ignorante compagne

---

*plus douter d'après la monture que l'on prête quelque
fois à Vénus, d'après ce qui s'est passé autre fois en
en Égypte et ailleurs avec les boucs sacrés, d'après
ce qui se passe encore dans certains cantons de notre
Europe, que ce ne soit avec la dernière, que la
femme a le plus d'analogie, et que le rapprochement a
paru le plus juste puisque..... Mais est-il besoin de
retracer pareilles horreurs et n'est-ce pas déjà trop
d'en avoir connaissance ?*

de notre premier père , & si pour la leur faire sentir & les en punir, il va au-devant d'eux jusques dans le sein de la mère , & s'en prend même à cette mère infortunée, cependant encore plus innocente quand elle met une fille au monde, que la première femme , quand elle mangea du fruit défendu. N'importe, il faut qu'elle réponde du sexe qu'elle engendre ; l'instant même de la plus douce jouissance, de cette jouissance, qui, suivant une expression prêtée à l'abominable fils d'Agrippine, *truces mulcet feras,* n'a pas le pouvoir de rendre l'homme plus reconnaissant ou seulement plus traitable envers le trop doux & trop malheureux instrument de ses plaisirs ; & sans dire par avance que les premières fonctions maternelles ont été regardées comme jettant la femme dans un état de *souillure*, on sait que l'accouchement d'une fille entraîne pour la mère le besoin d'une plus grande purification, & parmi nous, nous gens si fort au-dessus des préjugés, n'y a-t-il pas, hormis quelques cas particuliers fort rares, une très-grande différence dans la manière dont sont considérées, fêtées, les femmes qui donnent le jour à une fille ou à un fils ?

De même que pour affermir la main, roidir le bras des *religieux destructeurs* des Américains, on fit passer ceux-ci pour des animaux de l'espèce du singe, je ne sais si ce n'est pas pour autoriser tous les excès commis envers la femme, ou pour mettre le comble à l'injustice & à la dérision avec laquelle elle est traitée, qu'on a été jusqu'à lui refuser une âme. Ils seraient pardonnables, ceux qui ont poussé si loin la démence & *l'esprit de sexe*, s'ils eussent été de bonne foi en faisant cette assertion si injurieuse pour le créateur & pour son ouvrage; mais ils savaient bien, ô femme! que tu n'étais *pas un corps sans ame; non tu corpus eras sine pectore?* Et quel mortel assez malheureux n'en a jamais eu quelque preuve? Que penser donc en voyant la plupart des codes religieux ou fomenter ou établir ouvertement l'opinion contraire? Que penser de ces œuvres, ô mon dieu! si la plus sainte de toutes, porte à ce point le cachet de la faiblesse & de l'imperfection humaines? Cependant animée ou inanimée, originellement pure ou impure, la femme, reçoit l'existence & le jour par les mêmes moyens, par le même mécanisme que l'homme, & aussi-tôt commence pour elle la série des maux & des ignominies qu'elle est destinée à supporter. Objet de nulle valeur, on commence par en sacrifier un certain nombre en naissant, & quand par la suite les dieux dans leur bizarre & atroce colère demanderont des victimes humaines, ce sera presque

toujours parmi les femmes qu'on les choisira.
Ainsi, certains peuples enterrent la plupart de
leurs filles après leur naissance ; d'autres dans le cas
d'accouchement de jumeaux ont la barbare coutume de se défaire de la fille s'il se trouve alors un
enfant de chaque sexe, si ce sont deux filles, d'en
détruire une ; & si ce sont deux mâles, ils se livrent
à tous les transports de la joie, &c., &c.

Lorsqu'on pensa à ôter aux pères l'abominable
droit d'abandonner & de livrer à la mort leurs enfans, si tel était leur bon plaisir, on commença
par établir une restriction en faveur des mâles &
seulement *de la première fille.* On connaît la facilité avec laquelle les pères faisaient le sacrifice de
leurs filles ; Agamemnon, Jephté son plus cruel
imitateur ! Erechthée, farouche & superstitieux
Marius, &c., qui, par de semblables holocautes,
avez cherché à vous rendre les dieux favorables,
ou à les remercier de leurs faveurs ; vous mêmes,
sages Egyptiens, sévères Spartiates ! qui, pendant
si long-tems avez annuellement payé d'une de vos
filles, les uns le débordement du *Nil,* les autres
l'assurance contre la peste, soyez ici mes témoins.

Non seulement la faiblesse des femmes a fait
prodiguer leur sang dans toutes les circonstances,
ou le caprice, la fureur des dieux ou des hommes
irrités ont voulu des victimes, mais jusques dans
leur

leur supplice, mérité ou non, on a cherché à les avilir ou à les faire souffrir davantage; qui peut se rappeller sans frémir ce trait horrible de l'infâme Tibère ? *Immaturæ Puellæ, quia more tradito nefas esset virgines strangulari, vitiatæ prius a carnifice dein strangulatæ.* S'il eût connu cette sentence de son digne successeur, sentence qu'on ne saurait rappeller plus à propos qu'en parlant de la conduite de l'homme avec la femme: *memento omnia mihi & homini licere,* il aurait pu, ce tyran, en se reconnaissant le droit d'abolir la coutume, s'épargner un crime si affreux. Qui pourrait croire qu'il ait pu être surpassé sous le rapport du traitement ignominieux qu'on a fait subir à une femme suppliciée ? cependant il l'a été par des hommes qui probablement ne connaissaient pas l'effet du scrupule de l'empereur romain. Quant au rafinement tendant à l'augmentation des douleurs dans les supplices qu'on leur fait subir, nous avons des exemples qui ne cèdent en rien à ceux que nous avons cités, tels entr'autres que ceux de ce roi, qui livre sa propre fille, dont tout le crime était d'avoir eu un cœur, la livre, dis-je, à dévorer à un cheval, en les enfermant ensemble sans aucune nouriture ; de cet autre qui, pour une cause bien plus légère ou plutôt imaginaire, jette sa sœur dans une chambre dont le plancher est en cuivre,

& fait allumer du feu dessous. Dans certaine contrée où l'esclavage est encore en vigueur, la la femme esclave qui s'enfuit est attachée à un poteau la face tournée vers le soleil & on la laisse expirer dans cette situation, tandis qu'on se contente, pour la même prétendue faute, de trancher la tête à l'homme esclave.

On connaît le supplice dont parle Apulée, inventé pour une femme, & pire mille fois, que le supplice infernal de Mézence, &c. &c.

Quittons, quittons cette scène d'horreur dont je n'ai cependant donné qu'un petit échantillon ; peut-être serons-nous obligés d'y revenir sous un autre rapport ; mais en portant pour un instant nos regards sur d'autres objets, aurons-nous lieu d'être plus satisfaits ? J'en doute.

Pourquoi, me demandera sans doute quelque galant français (s'il en existe encore !) pourquoi nous retracer de semblables faits ? Qu'ont-ils de commun avec notre conduite envers les êtres, dont vous prenez si fort la défense. C'est pour nous que vous écrivez, c'est parmi nous qu'il faut les considérer ; c'est parmi nous que les femmes sont parfaitement heureuses.... Ah, sans doute nous ne les décimons plus à leur naissance ; plus confians dans leur vertu, dans la pudeur, ce gardien *naturel* de la virginité & cependant *méconnu* dans la plus grande partie du monde, nous ne lui donnons pas pour adjoints aussi humilians qu'inhumains, les cadenas, les anneaux, la suture, les duègnes, les eunuques, &c. ; nous ne leur faisons plus de leur sang payer nos succès ou expier nos fautes ; pour leur faire expier les leurs , ou pour contenter nos cruels caprices nous n'inventons pas des tourmens particuliers ; nous n'en faisons pas comme certains peuples, un commerce ouvert ; nous ne nous en servons pas , ainsi que d'autres le faisoient & le font peut-être encore, comme de pièces de monnoie , pour nous procurer les objets exigés pour la satisfaction de nos fantaisies ; loin d'acheter nos femmes ou de vendre nos filles aux épousans, nous nous faisons payer pour prendre les unes, & nous payons pour nous défaire des autres. Plus hypocrites ou plus galans que beaucoup d'habitans du nord & du midi , nous attendons qu'elles soient à nous , pour leur faire sentir notre souveraine autorité, sans la leur indiquer par des présens de noces qui portent avec eux le caractère de l'insulte & de la tyrannie. Nous ne nous sommes pas arrogés, à l'exemple de nos ancêtres, le droit de mort sur nos épouses (1) ; à l'exemple

---

(1) *Viri in uxores, sicuti in liberos, vitæ necisque habent potestatem.*

Cæs. de Bel. Gal.　　　X 2

du peuple souverain , le droit de disposer d'elles comme d'un meuble , d'un animal domestique, en les prêtant à qui bon nous semble ; à l'exemple du peuple le plus raisonnable & le plus ancien du monde , le droit de les renvoyer pour le plus léger prétexte comme , par exemple, l'importunité de leur babil, ou dès qu'elles ont atteint leur quarantaine , quoiqu'il nous soit aussi agréable qu'à tout autre de n'en avoir que de jeunes. Nous n'en faisons pas comme beaucoup de nations sauvages , nos bêtes de somme, nos soldats , nos agriculteurs , & pour qu'elles puissent se marier, nous n'exigeons pas d'elles qu'elles se battent à *coups de poings* ou qu'elles aient tué un ennemi. Comme tant de nations barbares, nous les entassons pas comme des brebis dans un parc ; nous ne les tenons dans la plus honteuse & la plus étroite servitude; traitement mille fois plus dur pour elles, que les plus durs travaux. Moins chatouilleux sur le point d'honneur, que tant de peuples jaloux à l'extrême d'un bien dont ils s'inquiètent peu de jouir , nous ne punissons pas l'adultère de la peine capitale ; moins injustes que ceux qui punissoient la femme dont le volage époux se rendoit coupable de la même faute, nous allons jusqu'à lui offrir un consolateur ; plus empressés que tant d'autres , la loi n'a pas eu besoin de nous prescrire le minimum de

devoir conjugal ; nous ne cherchons pas à nous affranchir entièrement de ce devoir par les plus mons-
trueuses, les plus exécrables associations publiquement tolérées (1). Nous n'autorisons pas nos enfans
à manquer de respect à leurs mères & à les mal-
traiter ; à plus forte raison ne faisons nous pas d'une
telle conduite un des actes essentiels pour leur éman-
cipation ; nous ne regardons pas comme déshono-
rées celles de nos femmes, qui accouchent de jumeaux ou qui sont stériles, & celles de nos filles ou
de nos veuves qui ne trouvent pas d'époux, opinions
également absurdes, & qui ont été les unes & les
autres en vigueur chez différens peuples ; nous ne
disposons pas de leur cœur & de leur main d'une
manière authentique dès le berceau, & nous ne
donnons pas la mort à celles qui sont séduites par
un homme de plus basse extraction qu'elles. Nous
ne les privons pas du plaisir de caresser leurs fils,
leurs fils qu'elles aiment tant ! dans la crainte qu'elles
n'amollissent leur courage ; nous ne les forçons pas
de n'accoucher qu'à un âge assez avancé pour

---

(1) Non seulement publiquement tolérées jadis, mais,
dut en périr le genre-humain, publiquement autorisées
& même consacrées par la religion, puisque

*Rex superum phrygii quondam Ganimedis amore
arsit.*

ne pas craindre une nombreuse progéniture, en faisant avorter celles qui conçoivent avant le tems prescrit. Nous ne croyons pas qu'il faille les abandonner, les forcer de se séquestrer de la société dans certains cas d'incommodité naturelle & notamment quand elles sont en couche ou qu'elles allaitent; nous ne nous faisons pas un barbare plaisir d'assister en foule à la douloureuse cérémonie de l'enfantement; nous ne nous hâtons pas de prendre la place de la femme aussitôt qu'elle est délivrée, & de nous reposer pour elle des fatigues & des maux qu'elle vient d'éprouver. Enfin, après les avoir tourmentées de tant de manières différentes, nous ne couronnons pas la série de ces belles œuvres en les forçant de nous suivre jusque dans le tombeau, quand elles ont le malheur de nous survivre; car toutes ces choses & bien d'autres encore qui prouvent la justesse du mot de Caligula *omnia homini licere*, se sont faites & se feront peut-être toujours; mais ce n'est pas parmi nous. —— Cela est vrai & j'en suis convenu d'avance. Mais la question n'en éprouve aucun changement, parce que nous ne faisons pas la majeure partie de la race humaine, & que quand la manière d'être de nos femmes feraient une exception, cela ne suffirait pas pour en établir une dans la règle générale à déduire de ces observations.

Mais nonseulement elles ne sont, pour la plupart, que l'image de ce qui a lieu parmi nous ; & il ne serait facile d'établir ici le paralelle ; bien plus encore, nous leur ajoutons, comme je l'ai déjà dit l'aiguillon le plus poignant, celui qui attaque le coté moral des femmes. C'est à leur extrême sensibilité que nous nous sommes adressés, tout en leur refusant une âme car bien certainement cette opinion n'est ni des sauvages, ni des barbares, &c., mais bien des *raisonneurs* & des *métaphysiciens*, gens qui pour ne se trouver que parmi les nations civilisées, n'en sont pas moins incivils, pour ne rien dire de plus.

Pour ne pas être sacrifiées en naissant, nos filles en sont-elles moins malheureuses & cette première barbarie n'aurait-elle pas cet avantage d'arracher au moins un certain nombre de victimes au despotisme de l'homme. Dans les différens pays dont on vient de me présenter la manière d'être des femmes par rapport à l'homme, elles y sont préparées dès l'enfance ; tout concourt à leur faire envisager leur condition comme étant le moins désavantageuse posible ; on ne cherche pas à leur donner d'autre idée d'elles mêmes & du sort qu'elles pourraient desirer & qu'elles auraient droit d'attendre. Elles sont donc comme les aveugles ou les sourds-nés, qui seraient réellement plus heureux s'ils jouissaient de tous les sens, mais qui ne sentent pas la privation de celui qui leur manque, parce qu'ils nont jamais goûté des sensations qui en résultent. Chez les nations civilisées & chez nous particulièrement l'éducation des demoiselles . les *al tours* de la société dans laquelle on se hâte, surtout maintenant, de les lancer de très bonne heure, &c. Tout concourt à leur donner des idées fausses & souvent directement opposées à celles qu'on devrait leur inspirer sur ce qu'elles devront faire un jour, sur ce qu'elles auront à éprouver ; & depuis la conduite & *les dires* de la mère qui est le plus intéressée à prémunir sa fille contre la séduction, jusqu'à ceux de l'amant qui est si intéressé à séduire, tout n'est autour d'elle que comédie & travestissement ; rien ne lui est montré dans son véritable jour ; aussi quel instinct, quel esprit naturel, quel sens droit & juste ne lui faut-il pas pour éviter tous les mauvais effets d'une conduite, d'une éducation si vicieuse, lesquels devraient être bien autres, si la femme n'eût pas évidemment été favorisée de la nature sous le rapport des attributs intellectuels. Quiconque voudra y réfléchir sera forcé d'en convenir, & encore s'étonnera-t-il que le désordre ne soit pas plus grand. En condamnant notre mode d'éducation adopté pour

les

les femmes, je ne parle pas de celui pratiqué autre fois dans les maisons religieuses; mais de celui adopté maintenant dans les pensions, lequel en a tous les vices & quelques autres encore sans en avoir les avantages quoiqu'ils fussent bien minces relativement à l'objet principal auquel les femmes sont destinées, qui n'est pas de faire de *saintes vierges*, mais de bonnes & vertueuses mères de familles. Ce n'est que dans la maison paternelle qu'elles peuvent être formées pour un semblable but ; mais qu'on ne croye pas, comme on a voulu le soutenir, que l'éducation des filles ne regardent que les mères. En famille, tout doit se faire en commun, & de même que la mère doit contribuer à l'éducation de son fils, le père doit en faire autant pour sa fille. Toutes ces prédications bannales, dont on l'étourdit sans cesse sur le compte des hommes sont aussi illusoires que ridicules. C'est à la mère à lui apprendre quelle devra être sa conduite quand elle aura un époux, mais c'est au père à lui donner *la clef* de la conduite de son propre sexe envers les femmes pour éviter tous les malheurs qui peuvent résulter d'une affection vicieuse, qu'il est si facile de contracter & si difficile d'arrêter dans une société aussi libre que la nôtre. Il sait, & par expérience, quelque vertueux qu'il ait été,

Y

combien les femmes sont faciles à tromper & à séduire, combien les hommes sont peu scrupuleux dans leur conduite envers elles ; c'est à lui à prévenir pour lui même dans la personne de sa fille, les suites terribles d'un pareil ordre de choses. Les mères y contribueraient aussi très-puissamment, en imprimant de bonne heure à leurs fils du respect pour ce sexe faible mais aimable à qui ils doivent la vie, à qui ils devront bientôt le bonheur de la donner à leur tour.

Au lieu de cela qu'arrive-t-il ? le père avec autant d'indiscrétion que *d'amour propre*, compte ses honteuses & trop faciles victoires ; le fils suce de pareils principes, prend une semblable route, répand sans remords le deuil dans les familles, où il peut s'introduire ; sa mère le sait, elle est toute orgueilleuse de le voir un *homme à bonnes fortunes*, & dans peu elle répandra d'amères larmes sur le malheur de sa fille trompée par l'ami même de ce fils, ou tout autre *quêteur de bonnes fortunes*, qui élevé comme lui, suit les mêmes erremens & venge sur la sœur les pleurs que le frère fait répandre ailleurs. Qui ignore en effet, avec quelle sotte & cruelle vanité les hommes se font une gloire, une sorte de point d'honneur de subjuguer, de tromper toutes les femmes ; presque toujours cette galanterie affectée n'est due qu'au calcul d'un sentiment intéressé, & à l'espoir d'en tirer parti pour son propre avantage, ou en langage du monde pour *avancer ses affaires*. Ainsi voyent, ainsi raisonnent & agissent jeunes écervelés & vieux barbons. Rien n'est sacré pour eux ; aucun moyen ne leur coûte pour en venir à leur but, & on peut leur appliquer ces vers de l'un des censeurs latins contre un autre genre de corruption que celui - ci n'a pas détruit parmi nous & qui est une injure de plus faite à la femme :

> Effugere non est. . . . basiatores,
> Instant, morantur, persequuntur, occurrunt,
> Et hinc & illinc ; usquequaque, quacumque.
> . . . .)
> Et œstuantem basiant, & algentem,
> Et nuptiale basium reservantem.

& qu'ils réussissent ou non, ils osent en tirer vanité comme du plus beau triomphe, comme de l'acte le plus vertueux. Eh malheureux qui te ris de la simplicité de ta victime ! vois, si tu le peux, d'un œil sec & tranquille, vois l'excès de son désespoir ; jouis de la douleur de toute une famille que tu as indignement trompée, & au lieu de frémir au souvenir de tes œuvres de perfidie & d'atrocité, aies encore le courage ou plutôt la bassesse de t'en applaudir & d'en méditer de nouvelles :

Y 2

I nunc, magnificos victor molite triomphos.
Cinge comam lauro ; vota redde jovi :
Quaque tuos currus comitatus turba sequitur,
Clame : Jo forti victa puella viro !
Ante eat effuso tristis captiva capillo.

Mais pourquoi nous emporter contre une telle conduite, quand nous voyons constamment les fanfaronnades, les gasconnades & tous les propos indécens & scandaleux qu'elle enfante sur le compte des femmes, procurer à celui qui a l'insolente audace de les répandre en parlant avantageusement de lui - même, un moyen presqu'assuré de faire sa réputation & son chemin dans la société, dont il devrait être exclu comme un de ses plus grand fléaux? d'où vient une contradiction si évidente, une opposition si formelle entre ce qui est & ce qui devrait être, quand l'un & l'autre sont si bien indiqués ? Du desir, du besoin de plaire, sentiment plus naturel à la femme que celui de la pudeur (1), & dont cependant nous lui fai-

______

(1) Autrement comment expliquer *ce desir, ce besoin* d'être remarquée, d'être considérée, d'occuper tout le monde de soi, que la petite fille éprouve avec tant de violence, qu'il dégénère souvent en jalousie, & celle-ci en maladie, genre d'affection dont on voit beaucoup moins d'exemples parmi les petits garçons? Aussi voyons nous encore par suite de la même disposition, les filles

sons un crime; ce qui est une triple injustice, puisqu'il dépend de sa constitution morale originelle; que nous mettons tout en œuvre pour le faire développer, & que c'est pour nous & par

être bien plus précoces, bien plus délicates, manifester bien plus de goût, de pénétration, faire bien plus de progrès dans la mise en pratique des moyens de parvenir au but que nous venons d'indiquer. Il est très-facile de s'en assurer maintenant qu'il est assez ordinaire de voir des enfans des deux sexes faire l'ornement des bals. Observez la différence que présente entre eux la petite fille & le petit garçon dans l'action de la danse; celui-ci ne pense qu'à ses jambes & à ses pieds, & ne s'occupe que de leur faire bien exécuter les mouvemens prescrits; c'est de là sans doute qu'est né le préjugé honteux pour les danseurs & assez généralement vrai, sur le changement du siége de l'esprit chez eux. L'autre au contraire, sans s'occuper de ses talons dont il faut sans cesse lui reprocher la position vicieuse, s'observe, se compose dans tout le reste de sa personne, & sans y penser joue vraiment la pantomime; & si le plus aimable, le plus spirituel des poëtes venait à paraître au milieu de nous, il s'appercevrait bien à nos petites *filles* qui sont aussi avancées que les *grandes filles* des Romains, que nous avons fait de grands pas vers la perfection; il serait obligé de faire un petit changement dans ces vers:

> Motus doceri gaudet jonicos
> *Matura virgo* & fingitur artibus.

nous que la femme obéit à son impulsion. Les anciens qui étaient moins galans mais plus raisonnables que nous avec les femmes, leur savaient gré des moyens artificiels qu'elles employaient pour leur plaire. Homère nous en fournit la preuve lorsque en faisant l'éloge de la beauté qui donna lieu à la querelle entre Achille & Agamemnon, il insite particulièrement sur le point dont nous parlons (1). En effet, le but direct auquel la femme est spécialement destinée par la nature, la propagation de l'espece (qui est sans doute la principale cause des caractères paticuliers que présente son organisation) ce but, dis-je, mis à part,

----

(1) Il faut cependant en convenir, il n'est pas plus juste envers la femme, pas plus conséquent ou stable dans les jugemens qu'il en porte, que la plupart des écrivains qui en ont parlé, toujours en bien et en mal alternativement selon leur façon de penser accidentelle. Il est très-facile d'en donner la preuve, en les mettant en contradiction avec eux-mêmes, & pour commencer par le premier génie de la Grèce, rappelons-nous qu'il dit, quelque part, qu'il n'existe *aucun animal plus incommode et plus méchant que la femme.* On serait tenté de croire qu'il a copié l'écriture sainte ou que l'écriture sainte la copié, ce qui n'est pas plus probable l'un que l'autre. Mais il y a cette différence que l'écriture sainte ne varie jamais dans ce qu'elle dit de la femme, & ne chante jamais la palinodie en son honneur.

puisque nous avons su en faire un objet secon-
daire & simplement accessoire dans le rapprochement & l'union des sexes, est-ce plutôt pour
son avantage propre, que pour celui de l'homme
que la femme est pourvue de ces formes agréables,
élégantes, susceptibles d'agir si puissamment sur
les sens, qui paraissent avoir une communication
plus immédiate avec l'âme, & un empire plus
grand sur l'imagination ? Le vain *amour-propre*
de la femme doit-il en être, & en est-il réellement plus flatté que le voluptueux orgueil de
l'homme ? Pour répondre à ces questions & prouver que *l'appel aux regards de l'homme,* est
toujours l'objet déterminé, vers lequel la femme
dirige tous ses efforts pour ajouter aux dons qu'elle
a reçus de la nature dans la même intention, considérons que, quoiqu'il existe, sans doute, un
beau naturel, il n'est pas bien facile de déterminer en quoi il consiste, malgré toutes les conventions établies, toutes les observations recueillies
pour servir de règle à cet égard, puisqu'elles ne
sont connues & adoptées, & ne l'ont toujours été
que par la très-petite minorité des hommes exis-
tans ; or il n'est pas permis d'être, en fait de beauté,
plus intolérant, qu'en toute autre matière, ni
de supposer que la majorité des hommes qui ne
pensent pas comme nous à ce sujet, ne jouissent
pas également à ce même sujet.

La beauté ou du moins l'opinion sur la beauté ne varie-t-elle pas par toute la terre, suivant la manière de voir des différens peuples; chez les mêmes peuples, suivant les différens tems, les diverses circonstances; dans les mêmes tems & les mêmes circonstances suivant les goûts particuliers & individuels, ce qui la rend un des principaux & des plus fragiles jouets de la mode inconstante & passagère? Pour abréger ici autant que je l'ai fait par tout ailleurs, parmi les nombreux exemples que je pourrais citer pour le premier cas, voyons seulement certains asiatiques se complaire dans les petits pieds, les petits yeux, les gros ventres, les coeffures énormes, &c. D'autres n'ayant aucune idée, aucun sentiment du plaisir que nous avons à admirer une taille svelte, une jambe fine & bien formée, éprouver une jouissance, qui nous est également inconnue, à l'aspect d'une belle tête placée sur la voûte informe d'un énorme tronc que soutiennent deux piliers d'une grosseur excessive & égale dans toute leur longueur.

Pour ce qui est de l'influence, de la mode relativement à la beauté je n'ai pas besoin d'en chercher des exemples; dans des contrées aussi éloignées que les précédentes; pour nous & pour les autres nations, il suffira de nous citer nous-mêmes.   Venons

Venons à ce qui regarde l'intention que j'ai prêtée à la femme, dans ce desir de plaire en cherchant à augmenter ses agrémens naturels, à modifier, changer, tant au moral qu'au physique, sa manière d'être même la plus avantageuse pour elle ; peut - on ne pas entrer dans mon sentiment, quand on la voit par-tout, consulter le goût de l'homme sur cet objet, & s'empresser de s'y conformer, quelque singulier, quelque varié, souvent quelque désagréable & même quelque douloureux qu'il soit dans son effet? Car nous prétendons avoir meilleur goût que la nature ; nous voulons la réformer, lui tracer des règles, lui indiquer une marche souvent impossible à suivre : ici encore les exemples se présenteraient en foule, s'il m'était possible de dépasser plus que je ne l'ai déjà fait, les bornes étroites que je me suis moi-même prescrites. Ainsi je pourrais citer de nouveau les différens genres de beauté adoptés par les diverses nations, lesquels sont presque toujours des peines infligées à la nature ; il n'est pas une partie du corps qui ne trouvat à sa place, car il n'en est pas une dont on n'ait pas voulu changer la disposition naturelle par des procédés toujours singuliers & souvent cruels. Ce serait donc le cas de parler des efforts employés pour obtenir de grands pieds, de petits pieds, des tailles fines, des tailles énormes,

Z

de gros ventres, de petits ventres &c. Ce serait le cas de parler des différentes manières de se mutiler, s'inciser, se dénuder, se peindre, se cautériser, se chamarrer, s'enduire toute la peau ; des faces, des fronts, des nez applatis, élargis, aggrandis, &c. ; des paupières, des mamelles &c. tiraillées, allongées ; des sourcils, des dents mêmes arrachées, soit pour s'en priver entièrement, soit pour en substituer d'autres de forme ou de couleur différentes; des narines, des lèvres, des oreilles, des mentons, &c. horriblement grossis, allongés, perforés avec des chevilles, des os, des plaques, des anneaux de métal, des plumes &c. &c. des yeux, des sourcils, des dents, des lèvres, des ongles diversement *enluminés* (1). Mais au lieu de tout cela je me contenterai de rappeler quelques-uns de ceux qui frappent principalement sous le rapport de la bizarrerie, & dussent - ils frapper moins mes lecteurs dans la manière de voir desquels ils pourront rentrer, je les choisirai parmi nos propres travers. Ainsi avec des cheveux, des sourcils, des yeux parfaitement noirs, nous voulons une peau

---

(1) Il est vrai que l'homme fait presque la même chose sur lui-même, mais ce qui est bien différent, c'est qu'il le fait constamment dans des intentions directement opposées à celles de la femme ; & ce n'est rien moins que pour lui plaire qu'il s'occupe de changer, de varier ainsi son aspect naturel.

d'une blancheur éclatante, & cela en dépit de l'observasion physiologique qui nous apprend qu'aux nuances près, le principe colorant de ces diverses parties est le même, & sans doute, part de même source ; témoin ce qui se passe dans toutes ces mêmes parties chez les *Blafards*, les *Albinos*, plus généralement connus sous le nom de *nègres blancs*. Bien plus, nous voulons avec des cheveux noirs, des sourcils blonds & des yeux bleus, *& vice versa* : & comme ce contre sens dans l'ordre *naturel* s'est présenté quelquefois *naturellement*, nous voulons que nos femmes l'imitent : besoin n'est de dire comment.

Ai-je tort quand je soutiens que dans tout, absolument dans tout, l'homme s'est montré ridiculement injuste & barbare envers la femme ? Est-il une seule manière d'être acquise ou naturelle de sa malheureuse moitié qui ne me fournisse l'occasion de le répéter, & les moyens de le prouver ? Mais le comble de l'injustice & de la tyrannie, n'est-il pas de lui faire, soit un crime, soit un simple motif de reproche de ce qui est indépendant d'elle, de ce qu'elle tient de la nature, de ce qui, comme attribut essentiel de son organisation, est le moins soumis à notre influence & à sa propre volonté pour en aider l'effet ?

On sait que la femme dans sa structure, sa

conformation physique présente des modifications qui la font, dans l'état extérieur de certaines de ses parties, différer essentiellement de l'homme, ce qui tient immédiarement à ses fonctions génitales & à la disposition de ses organes pour l'accomplissemeut de ces fonctions ; & indépendamment des diverses impressions artificielles nuisibles à ce but, auxquelles elle a été soumise chez nous comme partout ailleurs, nous ne reconnaissons de bien faites que les femmes qui, sous les rapports que je viens d'énoncer, sont conformées comme l'homme, & par conséquent, sont réellement *mal-faites* comme femme : aussi s'en trouve-t-il très-peu de ces femmes si belles, si bien faites, & l'opinion en faveur de ce genre de beauté contre nature, dépend peut-être autant de sa rareté que de *l'amour-propre* de l'homme, qui veut que tout ce qui est bon soit fait pour lui, & tout ce qui est bien soit fait comme lui-même, qui se croit *fait à l'image de Dieu.*

Plus complaisante que nous n'aurions dû l'espérer, la nature permet cependant qu'on lui fasse quelque violence, dans ce qui tient aux formes extérieures ; aussi la femme a pu essayer de se contrefaire, de se façonner dans le goût de la race ou de l'espèce d'homme à qui elle était destinée, & elle a pu y parvenir jusqu'à certain point.

Mais ce qui tient à la physiologie, aux fonctions de ses organes, est hors de toute atteinte; c'est dans ce qui regarde cette partie essentielle de son domaine que la nature défend ses droits avec le plus de rigueur. Cependant que d'amertumes les fonctions spéciales de la femme ne lui ont-elles pas procurées, & que de motifs pour elle de tenter d'en changer la marche & ses effets si cela eut été possible! Conjointement avec les motifs physiologiques ceci nous explique pourquoi dans l'ordre naturel, le plus faible est chargé de tout ce que l'acte complexe de la génération a de plus pénible & de plus douloureux, ce qui paraît bien peu conforme à ses moyens physiques. Si les choses eussent été arrangées d'une manière inverse, le plus fort n'aurait jamais voulu s'y soumettre, & la race aurait péri. Mais ce n'était pas assez d'un privilége naturel, si injuste en apparence, il fallait encore joindre l'insulte, l'outrage à la malheureuse condition du plus faible. Pour abréger la scène dégoûtante de toutes les horreurs dont l'idée de l'impureté naturelle du beau sexe, universellement adoptée, a été la source, je me contenterai d'un mot sur une des fonctions de la femme qui paraît être la première source de notre vie à tous, & qui, sous le rapport dont je parle, pourrait fournir un volume très-curieux, s'il m'était possible

de transcrire tous les contes imaginés sur les qualités singulièrement nuisibles du résultat de la
sécrétion menstruelle, & de peindre tous les
genres d'humiliations que son excrétion a attiré à
la femme(1). Mais doit on s'étonner d'un tel préjugé & de ses honteux effets sur l'esprit des
hordes barbares, quand on le trouve en vigueur
chez les peuples les plus éclairés, où il a eu pour
premiers moteur & pour soutiens, des hommes
que leur état & la réputation avec laquelle ils
l'exerçaient, semblaient instituer juges suprêmes
de la question ; tels entr'autres *Galien*, *Pline*,
Arétée, *Oribase*, *Mecurialis*, *Scribonius*,
Largus, *Mercatus*, *Albertus*, *Massarias*,
Trineavell, *Vidius*, *Fernel*, *Duret*, *Baillou*,
Rivière, *Sennert*, *Boerhaave*, &c. &c. à la
tête desquels on voit le père de la médecine qui
veut que les femmes soient naturellement impures
& ayent besoin de *purgations* continuelles, d'où
est venu l'un des noms employés pour désigner
l'excrétion qu'il considérait comme le moyen employé par la nature dans l'intention de satisfaire à
ce besoin supposé. C'est sans doute ce qui à fait
dire à *Paré*, en parlant de la difficulté qu'on

______

(1) J'en ai déjà parlé sous un autre rapport, *voyez*
considérations physiologiques, pag. 145.

éprouve si souvent à guérir cette maladie si insidieuse, *fluor alb. Hic affectus est curatu difficile non tantum sui ratione, quod in uterum tanquam in sentinam totius corporis muliebris, universa confluere soleat eluvies.*

C'est peu qu'on ait vu un signe d'impureté dans le signe de l'aptitude à la fécondation; c'est encore le poison le plus subtil, le ferment virulent le plus actif qu'on connaisse; & malgré mon desir d'égayer un peu le lecteur après lui avoir montré tant d'images attristantes, je me ferai violence pour écarter tout ce qui, quoique vrai dans l'opinion vulgaire, pourrait sentir un peu trop le *roman comique*. Je ne rappellerai donc pour toute preuve, que la triste avanture du malheureux chantre des merveilles de l'univers, à qui son épouse, par le même motif qui engageât Déjanire à envoyer à Hercule la robe fatale teinte du sang de Nessus, ayant fait boire du sang d'une autre source, procura au poëte latin une fin au moins aussi funeste que celle du grand Alcide; il devint *enragé* & se tua de sa propre main.

Maintenant si on demande quelle peut être la cause première de tant d'absurdités en opinions comme en faits, envers & contre un phénomène naturel, je répondrai que je ne la connais pas plus que celle de tant d'autres étranges folies qui sortent chaque jour du cerveau de l'être soi-disant raisonnable & presque toujours déraisonnant par excellence ; à moins qu'on ne veuille adopter celle que j'ai donnée précédemment, que l'homme n'éprouve rien de semblable, & que tout ce qui ne lui ressemble pas est jugé imparfait.

Même opinion, même erreur & souvent même résultat à l'égard du caractère moral & des facultés intellectuelles propres à la femme. Aussi celui qui, par l'impulsion du préjugé général à cet égard, a dit publiquement & avec emphase, pour faire l'éloge d'une très-haute, très puissante, &, je le crois, très-méritante dame, qu'elle *n'avait de femme que le sexe*, a bien manqué son but tout en insultant au *sexe* entier. Pourquoi donc lui faire un mérite de n'être pas ce que la nature a voulu qu'il fut, & de sortir de la place qu'elle lui a assignée? Ou, plus conséquens ne nous plaignons donc plus si fort & si généralement de ce que, pour nous complaire, il cherche tant à en sortir, soit en se conformant à nos caprices aussi multipliés que désordonnés, soit en voulant nous imiter. Mais ce sera toujours à son détriment : *rien ne sied mieux à la femme que d'être bien femme,* ce qui cependant dans le langage ordinaire est pour elle une injure. Je ne crois pas que l'auteur dont je viens de parler, & qui a été copié dans

cette

cette manière de faire l'éloge d'une femme par plusieurs écrivains, & par un entr'autre d'un bien plus grand sens & d'une bien plus grande réputation que lui, ait voulu comparer son héroïne à ces *viragos* que Paris, la Flandre, la Bretagne, &c. offrent en si grand nombre ; & cependant c'est à ces monstres que strictement parlant son beau mot convient. Mais comme c'est sous le rapport de l'âme, du cœur, du courage, des affections morales qu'il s'en sert, la fausseté de l'application est manifeste. Non pas que la femme ne puisse jamais fournir de grands traits de cette force de caractère qui est l'apanage naturel de l'homme ; qui oserait de bonne foi avancer & soutenir une opinion si fausse ? *quis autem dixerit naturam maligne cum muliebribus ingeniis egisse, & virtutes illarum in arctum retraxisse ? par illis, mihi crede, vigor, par ad honesta, (libeat) facultas est.* Mais ce n'est que dans des circonstances particulières (1), qu'elle exécute de ces grandes actions & alors, bien qu'elle soit compara-

---

(1) Voyez ce que j'ai dit à ce sujet en traitant du système nerveux de la femme. A l'égard du philosophe que je viens de citer, on ne peut récuser son témoignage, car il n'était rien moins que l'ami des femmes : il les gourmande souvent, & même avec assez de sévérité, & par fois avec beaucoup d'injustice ; par exemple ; qui pourrait croire que lui même

A a

ble à l'homme, la femme se trouve bien plus méri-
tante, bien plus digne d'éloges , n'en déplaise aux
Andromanes, aux *Misogunes*, aux *S. M. &c.* parce
qu'elle n'a pas les mêmes moyens, & le plus
souvent les mêmes motifs personnels, pour s'élever
ainsi au-dessus d'elle - même. Son histoire ne
contient - elle pas en effet le récit d'actions qui
surpassent en bien comme en mal , mais moins
souvent dans ce dernier genre, tout ce que celle
de l'homme offre de surprenant , en comman-
dant l'admiration ou en inspirant de l'horreur ?
C'est ici que je sens plus vivement que par-tout
ailleurs le regret d'être obligé de me circonscrire,
& d'offrir seulement des résumés sommaires , par
le grand intérêt qu'il aurait été si facile de répandre sur cette partie de mon travail, en rachetant les
défauts & l'aridité du style, par la valeur & la beauté
des exemples dont je pourrais me servir pour faire
restituer à la femme en toute propriété le mérite de

---

ait dit ailleurs de la femme, avec autant de fausseté que
d'impolitesse , *æque impudens animal est ; et nisi
scientia accessit ac multa eruditio, ferum, cupidi-
tatum incontinens.* Je crois qu'il n'est pas possible de
pousser plus loin l'inconséquence & d'être plus directement en contradiction avec soi-même. Mais quel
est l'écrivain, sur - tout parmi ceux qui s'occupent
de la femme , à qui cela n'arrive pas ? j'en ai déjà fai
l'observation & donné la preuve.

ses grandes vertus; mérite que son oppresseur cher-che à s'attribuer directement ou indirectement, en s'efforçant d'un autre côté de faire ressortir les dé-fauts de la femme, ou de faire regarder comme tels ses qualités naturelles, qui, si elles ont par fois quel-que chose de nuisible ou d'incommode (1), ne le doi-vent qu'à notre marche constante pour en détourner l'application dans le sens voulu par le créateur. Ainsi, pour n'en citer qu'une preuve qui rentre dans le principe de la question actuelle, qu'on se rap-pelle que si, comme je l'ai précédemment dit, nous n'avons pas osé imiter ou pensé à faire comme ce peuple ridiculement injuste, qui admet pour motif suffisant de *répudiation*, le *babil* d'une femme, nous n'avons pas manqué de partager la *manie universelle* de faire de ce prétendu défaut le sujet, tantôt de simples railleries, tantôt de reproches très-sérieux & le plus mal fondés.

Qu'on ne s'imagine pas qu'ami des paradoxes & de la singularité, trouvant blanc ce qui est noir, noir ce qui est blanc, & transformant sans aucun principe de justice ni de saine raison, les vices en

______

(1) Sans cependant motiver tout ce qu'ont débité à profusion sur la méchanceté de la nature de la femme, tous les écrivains, plus encore les sacrés que les pro-fanes, ne pensant pas les uns & les autres que ce n'est pas la créature qu'ils injuriaient alors.

A a 2

vertus, les travers en bonnes qualités, je veuille faire un mérite du *bavardage* de beaucoup de femmes. Je sais aussi bien que personne au monde combien par fois il est insignifiant, importun & fastidieux, pour ne rien dire de plus. Quelque porté que je sois à rendre justice aux femmes, à les décharger autant que possible de toutes nos iniques inculpations, j'ai avoué qu'elles ont des travers, & par exemple, dans le cas dont nous parlons en ce moment, rien de plus ridicule, rien de plus insupportable qu'une femme belle ou se croyant telle, chez qui un peu de bon sens, ne vient pas modérer l'envie de plaire, de briller ; rectifier dans son esprit, & réduire à leur juste valeur les éloges outrés & souvent mal-adroits ou même insultans, que lui prodiguent à tout propos & très-fréquemment hors de propos, tous ceux qui l'entourent. Sans cette sage précaution, cet hommage dont elle prend à la lettre toutes les formules bannales, par l'habitude de le recevoir devient pour elle un besoin, dont elle exige ouvertement & continuellement la satisfaction. Quelque soit la société où elle se trouve, elle veut & occuper tout le monde & que tout le monde s'occupe d'elle ou ait l'air de s'en occuper : c'est tout ce qu'il lui faut ; elle se charge de parler d'elle même ; elle coupe les conversations les plus intéressantes, in-

terrompt les entretiens les plus sérieux ou les plus
animés pour s'en rendre plus ou moins adroitement
le sujet ; tantôt directement en racontant certaine
petite avanture agréable qui lui est arrivée le jour
même ou la veille, en rapportant le propos galant
qu'un tel M., homme de beaucoup d'esprit, à coup
sûr, lui la tenu, pour que tous ceux qui l'écoutent se
hâtent d'enchérir par-dessus, &c ; tantôt indirectement, en louant un peu telle ou telle autre personne de son sexe, pour qu'on la loue beaucoup
elle-même ; ou en disant avec une naiveté feinte
ou une médisante *bonté*, quelque chose qui prête,
soit à un rapprochement flatteur pour elle, lequel fondé ou non ne saurait manquer d'être
fait, soit à des allusions malignes présentées avec
tant d'art qu'en ne pouvant échapper, elles de-
mandent l'éloge de son *naturel*, bon à l'excès ; en
parlant de la toilette pour qu'on fasse attention
à la sienne ; des modes pour qu'on vante son
bon goût ; de son négligé *affecté* pour qu'on en
admire la *séduisante simplicité*, la *simple élé-*
gance ; de son mari qu'elle n'aime que quand elle
parle de lui ; de ses enfans dont elle se soucierait
fort peu s'il lui fallait taire tout ce qu'ils disent,
tout ce qu'ils font ; de ses meubles, de leur arrangement, de tout ce qui a rapport à sa petite ad-
ministration économique qui n'étonne & n'inté-

resse qu'elle seule, &c. &c. en un mot, tout sujet de conversation lui est bon, pouvu qu'elle parvienne à avoir quelque chose à dire, & à se faire dire; à s'établir *receveur général* des complimens d'usage, & à devenir le point central auquel se rapporteront tous les mots oiseux & fades qui seront prodigués par tous les *bailleurs* qui l'écoutent en s'éfforçant de manifester une admiration d'étiquette, qu'elle prend pour l'admiration réelle qu'elle inspire...

Mais il faut voir les choses dans leur vrai sens, & pour cela il ne faut pas les considérer dans quelques circonstances particulières, comme nous sommes disposés à le faire toutes les fois que cela flatte notre penchant ou sert le parti que nous avons embrassé. Malgré que la femme, suivant certaine histoire que nous devons tous admirer & croire, ait été créée uniquement & exclusivement pour la satisfaction de l'homme, & qu'elle lui ait été donnée, dans un moment où il ne savait que devenir ni que faire pour dévorer son ennui (1); observons cependant, qu'elle ne pa-

______

(1) J'ai déjà eu occasion d'en dire un mot.

J'aurais bien voulu m'abstenir de parler de l'origine vraie ou supposée de la femme ; mais ce point est si intimement lié à son *histoire naturelle*, qu'il m'a été impossible de satisfaire moi-même à mes desirs.

raît pas destinée à vivre aussi continûment dans sa société, qu'elle le fait parmi nous, ainsi que le prouve la situation respective , soit en public, soit en famille , des deux sexes dans tous les tems & chez toutes les nations , mêmes celles qui se rapprochent le plus de nous & de notre mode de civilisation ; mon intention n'est pas de dire que nous ayons mal fait de modifier sa détermination naturelle (la perfectibilité n'est donnée à l'homme que pour en user , & en tout je ne blâme que les excès & les fausses applications.) Mais cette détermination de l'existence & de l'organisation de la femme étant spécialement dirigée vers la propagation de l'espèce ; d'après la nature des fonctions qu'elle a à remplir à cet égard, la femme devait nécessairement passer beaucoup moins de tems avec l'homme qu'avec les femmes mêmes , & sur-tout avec les enfans. Or, dans ce peu d'instans destinés à l'homme , il était difficile que celui-ci trouvât autre chose que de l'agrément dans la conversation légère, enjouée, même si l'on veut, frivole de la femme ; bien plus , il était essentiel qu'il la trouvât telle ; elle-même de son côté , en n'ayant de communication avec l'homme que pendant un tems déterminé, devait alors s'efforcer de le posséder tout entier, & de lui faire oublier les occupations viriles qu'il quittait pour elle. Son

A a 4

entretien dans ce cas devait avoir un tout autre intérêt que celui dans lequel elle n'a pour but que le desir de passer le tems, de faire de l'esprit avec un être qui ne veut pas qu'elle en ait, ou de s'occuper d'objets qu'on suppose ou être au-dessus de sa portée, ou ne pas la regader.

Dans l'autre partie de sa vie qui devait prendre, pour les travaux domestiques & les soins maternels, la plus grande portion de son tems, la femme se serait trouvée dans une situation bien pénible, bien ennuyeuse, si, dans le premier cas, livrée au milieu de ses compagnes, à des occupations sédentaires, machinales & n'exigeant que peu de mouvemens, que des mouvemens automatiques & rien de la part de ses facultés intellectuelles, elle n'avait pas été disposée, sous le rapport de ces mêmes facultés, de manière à pouvoir leur donner d'elle - même par le seul secours de son active imagination & de sa facilité à saisir & faire valoir les plus petites sensations, un aliment fictif, mais suffisant pour animer son existence, donner matière à une conversation vide en elle - même, mais bien remplie, quant à son but; & cependant, tant leur desir ou leur besoin de plaire à l'homme dirige leurs actions! on a vu les femmes lutter contre le mortel ennui d'un éternel silence, & pour le faire avec succès, prendre & conserver de l'eau dans la bouche.

Qu'il s'en faut, m'entend - je dire, toujours avec le ton de la raillerie, que l'homme n'abandonne que lorsqu'il peut faire quelque chose de pire contre les femmes, *qu'il s'en faut que toutes aient suivi un si bel exemple !* Sans doute, & j'en suis déjà convenu, il y a des abus, & même des abus qui ont les conséquences les plus graves produites par une aussi petite cause; mais ils ne peuvent être reprochés à la femme ; encore une fois ils dérivent de la mauvaise détermination que nous donnons à toutes ses facultés, en les écartant trop de leur but naturel.

Considérons maintenant que la disposition que nous venons de reconnaître dans la femme pour lui être naturelle, tandis qu'on la lui reproche comme un défaut capital, non seulement lui est personnellement utile dans la circonstance que je viens d'examiner, mais lui est absolument essentielle dans la seconde que j'ai indiquée relativement à ses fonctions maternelles qui la mettent sans cesse en *contact*, s'il m'est permis de parler ainsi, en liaison & communication directes avec les enfans.

Je suis porté à croire qu'il en est à cet égard comme à l'égard des formes douces, attrayantes

de la femme. L'homme qui dans tout ne considère que lui-même, se persuade aisément que
c'est sa propre satisfaction que le créateur a eu
pour objet en décorant ainsi la femme ; cette idée
rentre dailleurs dans l'opinion qu'il a sur la création , *par ajoutage,* de sa compagne ; & s'il avait
raison dans l'explication avanturée qu'il donne de
ce mystère, il y aurait effectivement de quoi lui
donner bien de l'orgueil. Laissons le se repaître
de telles chimères, admirons cette sagesse éternelle
qui fait servir à la jouissance de *l'homme fait,* ce
qu'elle a créé pour l'avantage de *l'homme enfant*
& soyons persuadés , au moins je le crois , que le
grand maître a principalement voulu par ce moyen
établir un rapport de plus entre la mère & les enfans
qui prouvent eux mêmes ce que j'avance, par la plus
grande liberté qu'ils prennent avec la mère. Quel
eut été le sort de ces malheureux petits êtres & celui de la femme au milieu d'eux , si cette dernière
n'eut pas été constituée de manière à pouvoir
écouter leur babil continuel, nullement suivi & aussi
dépourvu de sens que souvent on lui en prête beaucoup ; à pouvoir se mettre & se maintenir à leur
portée & répondre d'une manière analogue à leurs
questions répétées & souvent embarrassantes
quand on veut les résoudre sérieusement , malgré qu'on dise qu'il ne faille jamais les tromper

& qu'on les trompe toujours? Le père peut bien remplir cette tâche, s'en faire même un délassement, un plaisir pendant une demie heure; au delà l'ennui le prend bientôt, & le plus enthousiasmé de l'esprit de son petit garçon ne pourrait lui tenir tête pendant toute une journée; & en effet ce n'est pas lui, c'est la mère que cela regarde; c'est elle que la nature a chargée de cette fonction, en la disposant convenablement pour cela & en lui en faisant une jouissance; aussi voyons nous que dans les pays où les lois civiles paraissaient se rapprocher le plus de celles de la nature, & où il y en avait d'obligatoires relativement à l'éducation, les enfans étaient entièrement confiés aux mères jusqu'à l'époque où l'éducation proprement dite devait commencer; & c'est une coutume assez généralement suivie parmi nous que les femmes en donnent les premiers élémens. Il est vrai que ce ne sont pas ordinairement les mères qui prennent ce soin; mais ce n'est pas leur faute. Pour moi il me suffit en ce moment d'avoir démontré qu'il fait partie de leurs fonctions maternelles & qu'elles ont reçu tout ce qu'il leur faut pour bien s'en acquitter.

Au reste ce n'est pas là le seul inconvénient qui soit résulté de cette plus grande communauté d'existence entre les deux sexes , de cet échange, de cet alliage monstrueux des facultés, des attributs, des affections, du genre de vie, & même de genre d'autorité propres à chacun deux ; c'est ce que j'aurai peut-être occasion de prouver en disant un mot sur la femme dans l'état de mariage.

J'ai démontré jusqu'à présent combien le sort de la femme est peu digne d'envie & peu conforme aux intentions de la nature ; parvenue à l'époque où elle doit, où elle va obéir à la voix du créateur qui l'a spécialement chargée de l'entretien & la propagation de son ouvrage, en devenant épouse & mère sa position va bien changer ; il nous faut examiner si ce sera à son avantage.

Si à cette époque toutes les femmes ne sont pas pourvues de ce degré de perfection physique, qu'on nomme beauté, au point dangereux pour elles, dangereux pour la société, d'en faire une espèce de phénomène, qui fixe tous les regards, appelle tous les desirs, fait naître l'enthousiasme amoureux & toutes les folies, tous les désordres qui en sont la suite (ce qui n'ariverait pas si toutes étaient également partagées) chacune alors en a ordinairement assez pour s'attirer momentanément des poursuites & des hommages ; & même la moins favorisée a toujours en elle de quoi ne pas être oubliée sous ce double rapport.

Faite pour perpétuer l'espèce, la femme éprouve bien plutôt & bien plus vivement que l'homme, le sentiment de sa destination, & le besoin d'aimer ; & quand au dehors & au dedans d'elle-même tout exalte ce sentiment & ce besoin, il faut que l'être le plus faible combatte contre la ruse & la force du plus cruel ennemi, qui se présente avec les attributs opposés à ce titre, & qui n'a eu d'autre moyen, tant il est juste ! de défendre contre sa propre oppression ce sexe *qu'il doit protéger*, que de le rendre garant & seul coupable de la faute qu'il se promet bien de lui faire commettre. Que l'on réfléchisse profondément sur toutes les circonstances d'une pareille situation, dans laquelle se trouvent toutes les femmes à l'époque dont je parle, &, ne s'y en joignit-il pas, comme cela est, une foule d'autres qui rendent celles-ci encore plus graves, plus pénibles à supporter, on ne sera plus étonné que fières de leurs attraits, riches des promesses de l'homme, assurances aussi fragiles l'une que l'autre ! toutes regardent le mariage comme le terme où commence le bonheur, s'il doit exister pour elles ; & on ne leur fera plus un reproche (caché à la vérité sous le voile de la plaisanterie) des desirs secrets & involontaires qu'on sait qu'elles éprouvent alors. Infortunées ! Combien elles se trompent !.... Ainsi en un jour nébuleux, avide de contempler l'astre brillant dont l'aspect fait sa volupté & sa joie, attiré, ébloui par un faible rayon de la lumière qui en émane & que réfléchit & multiplie un verre trompeur, le trop confiant chantre du matin tombe en foule dans les filets de l'adroit oiseleur, où l'attend la mort ou la captivité. Cette comparaison n'a rien d'outré ; on en sera convaincu si l'on veut examiner avec toute l'impartialité qu'il est, au reste, impossible à l'homme d'y mettre, tout ce qui concerne les mariages dans la manière dont ils se préparent, se cimentent, dans les dispositions, les obligations mutuelles des parties contractantes ; car ici plus que dans aucune circonstance de la vie de la femme on verra, même chez nous où tout est de notre part humilité, déférence, courtoisie, &c. (avant la cérémonie), le droit du plus fort se manifester & mettre tous les avantages de son côté.

L'idée que la force est le seul, au moins le plus juste droit que l'homme puisse faire valoir auprès de la femme, a été si anciennement

& si généralement adopté, que presque toujours
& presque par tout une des principales céré-
monies du mariage, a été une sorte d'enlèvement
simulé, ainsi qu'il s'en observe encore un vestige parmi les habitans de la campagne dans
quelques parties de notre France, & quelquefois un réel de la jeune mariée par son époux,
ainsi que cela se pratique encore chez quelques
peuplades barbares.

Les progrès de la civilisation ont un peu modi-
fié les formes, mais n'ont rien changé au fond,
parce qu'ils n'ont pu agir sur les intentions égoïs-
tes de l'homme & sur les moyens qu'il a d'en
poursuivre l'exécution. C'est ce qu'il est très-facile de prouver. Mais la réunion des hommes
en société n'eut elle produit que cet amendement,
& certes il s'en faut que ses bienfaits se soient bornés là, on aurait toujours tort de déclamer contre,
& de reprocher aux hommes d'avoir obéi, si non
à cette loi obligatoire, au moins à cette intention
du créateur manifestée par la plus grande perfectibilité dont il nous a doués ; car il en a plus ou
moins accordée à toutes les espèces, mais avec une
détermination vers un objet particulier dans chacune d'elles, comme s'il eut voulu dans la vue,
le rapprochement & le comparaison de ces diverses
actions, nous donner à nous qui sommes si fa-

cilement imitateurs, un grand exemple à suivre pour faire ou pour ne pas faire comme les autres animaux. C'est-là la vraie science du bien & du mal donnée par le fruit de *l'arbre de vie*. En n'y touchant pas, c'est - à - dire, en restant dans notre ignorance primitive ou naturelle, nous pourrions, réduits à notre instinct borné, mener une vie tranquille, inactive, mais bien monotone; telle eut été celle du délicieux *Eden* ; en cherchant à goûter de ce fruit, nous nous donnions au contraire une existence nouvelle, toujours active, toujours variée, mais toujours partagée entre les peines & les jouissances, en proportions diverses selon l'usage que nous allions faire des lumières acquises; & de même que c'est à une femme, que chaque homme doit sa vie animale, c'est la femme qui donne au genre-humain le germe de cette vie intellectuelle qui devait nous rendre semblables à l'immortel. Quel présent ! cependant, quel usage en avons-nous fait, qu'en est-il résulté, & comment reprochons-nous éternellement notre propre faute à l'être le plus innocent ? Quoiqu'il en soit, ne nous lassons pas de rendre des actions de graces à l'éternel auteur de toutes choses, qui nous a tracé les règles de notre conduite, d'une manière aussi variée qu'agréable : voyons

ce

ce qué, par rapport à l'union des sexes, elle nous a montré plutôt que prescrit; car elle paraît n'avoir rien ordonné positivement à l'homme, sinon, *de croître & de multiplier*, lui laissant le choix du genre de vie & des moyens d'association pour faire l'un & l'autre (1); & qu'il serait beau d'y trouver l'indication de la plus sainte, de la plus respectable & la moins respectée des institutions civiles, celle de l'union permanente de deux individus, avec un abandon mutuel & sans réserve de l'un à l'autre!

Si, comme l'a prétendu le plus singulier & l'un des plus éloquens de nos écrivains, l'état de société n'était pas destiné à l'homme par la nature, nul doute au moins, qu'elle n'ait voulu qu'il vécut en famille & qu'il s'attachât à une seule femme. Cette vérité, pour être remplacée par une opinion aussi fausse qu'immorale, a été

---

(1) La preuve de cette vérité se trouve, non pas seulement dans cette immense variété de mœurs, de lois, de coutumes, &c. que présentent tous les peuples de la terre, mais aussi & d'une façon bien plus remarquable, dans la différence de marche & de progrès vers la civilisation offerte par les habitans du *nouveau Monde* & ceux du nôtre, qui n'est certainement pas plus ancien.

B b

combattue par le non moins singulier & non moins éloquent antagoniste de l'écrivain dont je viens de parler : & quand on ne peut pas compter sur ses talens, au moins faut-il être bien sûr de la bonté de sa cause, pour plaider contre de pareils adversaires.

J'ai dit que tout se trouvait dans la nature animée, le bien & le mal pour fournir à l'homme naturellement imitateur, mais imitateur libre & sinon raisonnable au moins raisonnant, le moyen de faire l'un & d'éviter l'autre. C'est le cas de rapprocher cette observation & d'ajouter que c'est précisément là ce qui fournit des armes si puissantes en apparence aux sophistes, pour se défendre dans la mauvaise route qu'ils ont prise, s'y maintenir, &, ce qui est encore plus coupable, pour y entraîner les autres en citant toujours la *nature*.

Maintenant pour éclaircir la question & pour la décider avec un peu plus de certitude, considérons ce qui a lieu chez les animaux, à qui elle inculque au moyen de l'instinct, des principes aussi immuables, aussi sûrs que ceux de notre prétendue raison, fruit de la plus grande liberté d'action dont nous sommes pourvus, sont variables & erronés. Mais ne prenons pour exemple que ceux qui, dans les circonstances dont nous nous occupons en ce moment, ont quelque chose de comparable à l'homme.

En général dans toutes les espèces où les petits en venant au monde sont dans une *enfance complète*, c'est - à - dire, sans aucuns moyens de pourvoir eux - mêmes en partie à leur existence & à leur sûreté, ce qui ne peut consister d'abord que dans la jouissance d'organes quelconques de la progression, soit pour suivre la mère dans la recherche de la pâture, soit pour fuir avec elle dans le danger (1) ; dans toutes ces espèces, dis je, le mâle devient nécessaire pour la nourriture, la dé-

---

(1) Je vais rendre ceci sensible par un exemple puisé dans deux espèces bien différentes d'animaux de la même classe, & qui est à la portée de tout le monde, car tout le monde connaît la différence qu'il y a entre un pigeon & un poulet à l'instant de leur sortie de l'œuf. Aussi soit dit par anticipation sur la conclusion que j'avais à en tirer, voyons-nous que le mâle de la première espèce est le symbole *fictif* de la fidélité conjugale, & le mâle de la seconde, l'image réelle de ces tyrans, qui, dans l'intention de multiplier leurs jouissances, ont pris le contrepied de la nature. Ont-ils réussi ? J'en doute, même en ne considérant la chose que du côté physique. Toujours est-il que leur conduite & l'exemple qu'ils ont suivi viennent à l'ap-

fance & l'éducation des petits ; & dans toutes les espèces où concurremment avec la femelle le mâle remplit cette triple fonction, la *monogamie* a lieu, pendant tout le tems qu'elle s'exécute.

Que conclure de tout ceci par rapport à l'homme, celui de tous les animaux dont l'enfance est non seulement la plus dénuée des moyens dont nous venons de parler, mais aussi la plus prolongée, en sorte que le premier né est bien loin de l'instant où il pourra, non pas se suffire, mais s'aider un peu, quand un second peut succéder & ainsi de suite ? N'est-il pas évident que voilà l'homme naturellement obligé de s'attacher à une seule femme, & de s'y attacher pour toujours, puisque la femme a encore besoin de son assistance pour le fruit de leur union passée, & peut en même tems répondre aux

---

pui de mon idée allégorique sur l'arbre de vie. Oui : l'homme n'a qu'à choisir, tout se trouve dans la nature, le bien & le mal. Il n'y a pas jusqu'à ce genre de parasites si commun parmi nous, si pourchassé dans les contrées où l'homme a pris le coq pour modèle, dont la coupable conduite ne trouve *son analogue* dans les *faitsgénitaux* d'un oiseau trop connu, pour que besoin soit de le nommer

desirs qu'il peut former pour une nouvelle union, dont le résultat sera un lien de plus ? Et comment porterait-il à l'une les secours qu'il lui doit pour un ancien attachement, à l'autre les soins, les caresses qu'exige un attachement nouvellement formé ? Ou pour parler un langage qui nous reportera à la situation du sauvage dans cette circonstance, & nous la peindra plus énergiquement & plus véridiquement, comment avec une femelle à ses côtés, dans ses bras les petits qu'elle lui aura donnés, poursuivrait-il une autre femelle ? O Voltaire ! réponds - moi maintenant : n'est-ce pas là le principal & le plus fort lien de l'association de famille trouvé dans la nature & fondé par elle-même sur la *monogamie* permanente ? Et toi, Jean-Jacques ! réponds-moi aussi : de là pour arriver au sentiment des bienfaits, à l'idée des jouissances d'une société plus étendue & d'ailleurs également indiquée par la nature, quel pas y a-t-il à faire ? & pour en donner la démonstration faudrait-il se creuser le cerveau autant que tu l'as fait pour vouloir, mais en vain, nous prouver le contraire ? Pour moi je vais achever de prouver pourquoi la femme n'en a pas retiré tous les avantages qu'elle pouvait s'en promettre & qu'elle avait droit d'en attendre; pourquoi, ainsi que je l'ai dit, il y a peu de différence entre la conduite du sauvage à son égard & celle de l'homme civilisé, & comment la civilisation n'a fait que *modifier les formes.*

Il faut avouer que si le genre-humain eut dû rester tel qu'il était en sortant des mains de la nature, cette bonne mère n'aurait pas traité bien favorablement la femme, & en aurait fait la plus malheureuse des femelles en lui donnant le plus de charges dans les fonctions maternelles & le moins de moyens pour s'en acquitter. Car, à cela près de ses agrémens physiques, alors beaucoup moins susceptibles de diversité, & peu fait pour produire une grande impression sur un cœur & une imagination brutes, ou sur le cœur & l'imagination d'une brute, sa grande faiblesse, son aptitude à peu près permanente à la fécondation, la permanence du sentiment qui en est l'effet plutôt que l'indice (1), les besoins extrêmes & prolongés de

---

(1) Puisque même après la fécondation il subsiste encore, la laisse long-tems dans l'ignorance sur son état, et ne cesse pas même alors qu'elle en est parfaitement instruite, ce qui ne paraît pas avoir lieu pour aucune autre femelle. O sublime auteur de tout ! s'il m'était permis de scruter plus avant tes intentions sans craindre d'être accusé de tout rapporter à mon système,

son fruit, &c., tout se trouvait contre elle, tout la mettait dans la dépendance de l'homme, lui faisait sentir sous combien de rapports elle avait besoin de lui & devait la lui rendre d'un très-facile accès ; car alors la pudeur, cette aimable vertu, fruit de la civilisation, n'existait pas (1); elle n'aurait été qu'une ridicule & inutile simagrée, comme cela arrive bien quelquefois chez nous.

Voyons dans ce même état sauvage, s'il a jamais existé, voyons l'homme fort, disposé, à user de sa force pour la satisfaction de ses besoins, trouvant d'ailleurs facilement de quoi les satis-faire ; n'ayant sans doute, comme la plupart des animaux, & comme encore beaucoup de peu-plades, l'idée de possession & de jouissance ex-clusives d'un objet, que dans l'instant de la pos-session & dans l'acte de la jouissance; incertain sur le résultat de ce même acte; incapable de mettre dans ses desirs, d'éprouver dans ses be-

---

qui, s'il est erroné n'a au moins rien que de moral & de louable, ne pourrais-je pas voir dans cette dispo-sition particulière de la femme, dont l'effet cepen-dant est justement blâmé par la médecine, une preuve de plus en faveur de ta volonté bien prononcée pour la *monogamie* permanente entre les deux mêmes individus dans l'espèce humaine.

(1) Voyez troisième *section*, *pag.* 175.

soins physiques la longue intermittence qu'exige
par rapport à la femme, l'efficacité de son union
avec elle ayant de tout côté sous les yeux l'exemple de l'insouciance paternelle & l'exemple de la
sollicitude maternelle; à la place de l'amour-
propre, ce sentiment factice qui, bien dirigé,
devient le principe de toute vertu, & reporte
son effet sur tout ce qui nous entoure, étant
pourvu au plus haut point de l'amour de soi, de
l'égoïsme propre, ce sentiment naturel, ami,
défenseur de l'individu dans l'état primitif, ennemi, destructeur de l'espèce dans l'état social
qui a eu tant de peine à le modifier, &c., &c. tout
devait faire sentir à l'homme les immenses pri-
vilèges de sa position naturelle, & l'éloigner autant d'un attachement exclusif, qui devenait pour
lui une véritable servitude & une source de privations, que la femme, pour qui il devenait, comme
il est parmi nous, l'assurance d'une sorte de liberté, & comme il n'est pas toujours, une source
d'avantages divers, devait le desirer; & je pense
qu'il lui arrivait souvent, ainsi que cela est encore
pratiqué, dit-on, par quelques hordes à demi civilisées, d'être forcée de passer successivement dans
les bras de tous ceux à qui elle convenait, pour
ensuite rester seule chargée des soins & des secours multipliés qu'exige l'enfance de l'homme.

Un pareil ordre de chose a-t-il pu exister ? & s'il a existé, a-t-il pu subsister long-tems ? Je l'ignore, mais quoiqu'il en soit, il me semble voir dans tout ceci une nouvelle preuve de la destination de l'espèce humaine à l'état social ; en même tems dans les dispositions qu'en y entrant apportaient, l'un par rapport à l'autre, l'homme & la femme ; dans les rapports dans lesquels ils ont continué de se trouver, si l'on en excepte quelques parties de notre continent, depuis quelques siécles, je vois la preuve que ce n'est cependant pas l'union, le rapprochement des sexes qui en a été le lien, le nœud primitif ; ou si je me trompe, l'homme aurait été plus injuste, plus ingrat envers la femme, à qui il devrait encore ce grand bienfait, que je ne peux le supposer & que ne l'attestent tous les codes législatifs, toutes les coutumes, toutes les mœurs, toutes les histoires & tous les voyageurs.

C'est aussi de là que je tire la dernière preuve à donner sur la seule modification apportée par la civilisation, dans l'état naturel de la femme, que nous avons vu être si malheureux. En effet, le plus fort, le vainqueur a toujours fait la loi ; & l'application de cet axiome politique étant bien plus sévère autrefois, dans toute guerre il fallait asservir ou être asservi, devenir maître ou esclave. Si par hazard il s'est trouvé quelque circonstance en faveur du vaincu, elle n'a pu être que l'effet de quelques considérations ultérieures, de quelques causes qu'aucun des partis ne pouvait prévoir ; c'est ainsi que les Grecs donnèrent des lois, des mœurs, des leçons en tout genre à leurs vainqueurs, qui ne se doutaient gueres que tel serait l'effet de leur victoire ; c'est ainsi que dans des tems moins reculés les Normands à force de combats obtinrent l'honneur de devenir Français. Appliquons cet exemple comparatif à la situation respective des deux sexes, & nous verrons que le raisonnement prouve ainsi que tous les faits que le passage de l'état sauvage à l'état social, n'a pu entraîner pour la femme qu'un complet & cruel asservissement.

Les deux sexes ne possédaient alors aucune de ces qualités artificielles, fruits agréables de la civilisation, qui auraient pu faire la base d'un échange équitable; & donner à la femme les moyens d'adoucir, de dompter son maître & même de l'asservir à son tour ; elle avait tout à gagner, l'homme avait tout à perdre dans l'accord à faire, car il ne connaissait pas toutes les douceurs qui pouvoient résulter pour lui d'une union qui aurait eu pour base les sentimens d'amour & d'amitié fondus l'un dans l'autre ; il ne pouvait pas même en avoir l'idée qui est à mon avis, l'un des derniers termes de sa perfectibilité, dont alors il ne faisait qu'essayer ; la force de son bras lui tenait lieu de tout, il était tout simple qu'il en usat à discrétion ou sans discrétion, ceci revient au même ; c'est ce qu'il a fait, & ce qu'il a fait par-tout. On fouillerait envain les annales de tous les siècles, de tous les peuples, pour citer un exemple général du contraire.

Jusques - là, je dois le dire à la décharge de mon sexe, l'homme était peu ou point coupable. On voit son excuse : il n'avait pas encore su mettre la raison à la place de l'instinct. Mais c'est quand il a eu quitté entièrement cet instinct de la nature pour se créer une manière d'être toute nouvelle, & dont il n'avait reçu que le germe ; c'est quand il a eu fait les plus grands progrès vers la civilisation, sans changer pour cela de conduite envers la femme qu'il en est devenu le tyran le plus injuste & le plus cruel ; il semble au contraire avoir redoublé de persécutions, de précautions barbares & avilissantes à mesure qu'il sentait que son esclave acquérait des droits à la liberté en se rendant plus digne d'être auprès de lui sous un autre titre ; & tout en admirant, en adorant celles des femmes qui osaient secouer ouvertement son joug, profitaient des dispositions que la nature leur a aussi données pour se perfectionner, & lui offraient ensuite un genre de volupté dont la recherche passionnée le mettait aux pieds de ces mêmes femmes, il les reléguait dans une classe abjecte qui les séquestrait de la société, quoiqu'elles eussent individuellement une bien plus grande influence sociale que les *épouses;* & de l'esprit de celles-ci, il écartait soigneusement toute idée d'une semblable perfection & tout moyen de l'acquérir; pour en être convaincu, comparez la différence qu'il y avait entre les courtisanes des Grecs & leurs épouses, & voyez combien, au titre près, le sort des unes était plus agréable que celui des autres, quand les hommes dans la société des premières & dans une union publique avec elles, recherchant & trouvant toutes les délices de l'amour sentimental, reportaient à leurs femmes leurs *velléités physiques*, sans doute, lorsque ces sévères républicains se rappelaient que la patrie avait besoin d'enfans, ou qu'une loi, dont on retrouve les vestiges chez leurs derniers destructeurs, leur enjoignait de visiter ces fidèles recluses, au moins trois fois dans le mois.

Ce qu'ils auraient dû faire, nous l'avons tenté, & nos femmes auprès de qui nous nous faisons un si grand mérite de notre conduite envers elles, soit en la leur rappelant sérieusement, soit encore en affectant de nous la reprocher à nous-mêmes par nos railleries continuelles, en sont-elles plus heureuses ?

Pour décider cette question, il faut distinguer les rapports généraux, qui chez nous, existent entre les deux sexes, des rapports particuliers & individuels qui existent entre l'homme & la femme, & j'espère qu'alors on conviendra qu'il n'y a encore ici qu'une modification un peu plus grande que celle qui existe par-tout ailleurs & qui devient pour nous un motif de reproche de la part des autres peuples ; mais si en partie nous avons fait mieux qu'eux, mieux que les peuples anciens que je viens de prendre pour exemple, nous avons fait en partie bien plus mal.

Dans le premier cas nul doute que les femmes n'aient beaucoup gagné, & qu'elles n'aient pris à certains égards, la place des courtisanes Grecques, & je les prie de ne rien trouver de choquant dans cette comparaison, puisque je ne la fais que sous le rapport des différens moyens de perfectionner leurs qualités physiques & morales, de raffiner leurs sentimens, leur goût, d'acquérir des talens agréables, &c. dont nous leur avons permis de faire usage ; sous celui de la considération publique , de l'influence sociale dont elles jouissent , de l'empire qu'elles acquèrent quelque fois, &c. Mais est-ce de notre part un acte de justice ou un effet de l'obligation dans laquelle nous nous sommes trouvés? C'est ce que je me garderai d'examiner , parce que trouvant dans les progrès de la raison , dans les lumières de la philosophie, plus encore que dans la religion chrétienne , qui peut bien aussi y avoir contribué mais pas autant qu'on le dit (puisque la même chose n'a pas lieu par.tout où elle *domine ,* ou aussitôt qu'elle a *dominé* & que la femme a été très-maltraitée par l'écriture & les écrivains sacrés , excepté cependant S. Grégoire de Naz. Trouvant dis-je, d'un côté de quoi étayer l'opinion la plus favorable à mon sexe, de l'autre je verrais mes preuves détruites dans l'examen *des rapports particuliers & individuels qui existent entre l'homme & la femme,* puisqu'alors chacun de nous reprenant son pouvoir absolu, ses idées de jouissances propres & exclusives, laisse son épouse se repaître des illusions sentimentales , & va porter & échanger ailleurs les réalités physiques ; ce qui autorise, ou au moins excuse la comparaison que je viens de faire , en prouvant sa justesse sous un nouveau rapport.

Ici donc , cesse l'influence de ces beaux sentimens dont l'impulsion commune paraît avoir agi d'une manière avantageuse sur le sort de la femme, & l'homme pris isolément n'a rien qui l'oblige à s'y conformer dans sa conduite privée, dirigée vers l'unique point de vue qu'il considère, celui de sa satisfaction actuelle & de sa satisfaction ultérieure ; ici l'amour - propre cesse ; l'amour de soi, le moi le plus exclusif reprend toute son énergie & l'homme le plus civilisé, le serviteur, le défenseur du beau sexe, le Français en un mot se rapproche plus par sa disposition préméditée, de la disposition naturelle du sauvage telle que je l'ai dépeinte, que tous les hommes qui existent dans les dégrés de civilisation intermédiaires ; ce qui confirme cet axiome de morale : les *extrêmes se touchent.* Il n'y a de différence que dans les moyens employés, & si nous avons trouvé quelque côté qui permit d'excuser un peu le sauvage, l'inverse se trouvera toujours pour donner plus de raison à blâmer l'homme le plus civilisé.

J'ai démontré que rien ne pouvait faire désirer au sauvage de se fixer à une seule & même femme, & moins encore le contraindre à cela, tandis que la femme était dans des circonstances & une disposition absolument opposées. Dans la plupart des degrés de civilisation intermédiaires depuis l'état dont nous venons de parler où il

n'en existe aucune trace , jusques & exclusivement , à celui où elle se montre avec le plus de
perfection qu'elle ait pu atteindre jusqu'à présent, les femmes sont absolument esclaves , &
font par conséquent la richesse de ceux à qui
elles appartiennent; voilà pourquoi , il faut nécessairement pour avoir une femme l'acheter ou
l'épouser ; le mariage même, n'est souvent là
qu'un véritable achat, & quelque vil , quelqu'injurieux que soit le moyen par lequel une femme
passe dans les bras d'un homme, encore est - il
conforme aux lois & aux mœurs du pays ; la
femme ne saurait voir de malheur dans sa condition, pourvu qu'enfin elle soit achetée par un homme, car elle n'a jamais eu d'autre perspective,
elle n'a jamais eu d'occasion de laisser parler son cœur à tort & à travers, puisqu'elle ignore
ce que c'est qu'avoir un cœur, & qu'on ne lui a
jamais donné la connaissance d'un si dangereux
ami avec lequel on est d'autant plus à plaindre
qu'on lui a laissé prendre plus d'empire.

Il n'en est pas de même dans les états civilisés,
(& c'est en cela qu'ils se rapprochent tous de l'é-
tat le plus sauvage) l'espèce d'égalité établie seulement en apparence entre les deux sexes, la plus
grande liberté de leur commerce, de leur rapprochement mutuel, soit en général , soit en particulier,

ticulier, a donné à l'homme (qui, dans un ac-
commodement qu'il pouvait entièrement refuser,
n'a accordé que ce qu'il a voulu , & a conservé
toutes les prérogatives avantageuses attachées à
son état primitif) tous les moyens possibles de
s'affranchir du joug du mariage , & tous les motifs de jouissance personnels, pour user de ces
moyens. Mais la femme dont la condition naturelle est d'être dépendante, qui l'a toujours été
& qui le sera toujours, n'a rien gagné à l'amendement adopté en sa faveur; seulement elle a
reçu un peu plus d'hommages , de louanges dans
le particulier ; & en général , son sexe a été plus
méprisé, plus décrié : pourquoi, sinon parce que la
femme laissée jusqu'à certain point maîtresse d'elle-
même, est pressée, sollicitée, (peu importe de quelle
manière) par l'homme (qui trouve en cela son
intérêt) de l'imiter , d'user comme lui du droit
de propriété en disposant librement de sa personne; & quand elle le fait, quand il lui arrive
d'être victime de l'empire de son sexe, de sa
faiblesse , de sa confiance, &c. , un déshonneur,
juste , à la vérité , mais qui le serait bien davantage s'il était également reparti , l'attend & ne
lui laisse d'autre alternative que le malheur avec
la vertu , ou le malheur avec le crime. Il est
vrai qu'il ne devrait pas y avoir à balancer ;

C c

mais nous en parlons fort à notre aise, & sans faire attention que l'une est prêchée par une seule voix, une voix très - faible, celle d'un devoir bien essentiel pour l'intérêt, la tranquillité, le bon ordre social; mais qui pour la femme doit paraître une bien grande tyrannie, puisqu'elle seule y est soumise; & que l'autre, vers lequel elle est naturellement entraînée, lui est présenté sous l'aspect le plus flatteur, le plus séduisant par le serpent tentateur qui est là prêt à profiter de la faute qu'il va faire commettre, & qui bientôt après sera le premier à se jouer de sa malheureuse victime & de tout le sexe, sans se rappeller de tous les soins, de toutes les peines, de tous les subterfuges, de tous les sermens, &c., qu'il lui a fallu mettre en usage pour accomplir une tâche honteuse que l'amour-propre bien plus que l'amour lui avait fait entreprendre; il méprise toutes les femmes parce qu'enfin il est parvenu à en rendre une méprisable en manquant le premier à la foi des traités, qui l'ont mis en possession d'un objet qui n'avait de prix pour son âme viciée, qu'autant qu'il le croyait (& c'est en cela qu'il est plus blâmable) dans cet état de pureté à laquelle il se fait un si grand délice de porter la première atteinte.

Que ne puis-je vous interpeller ici, nombreuses

Arianes! Infortunées dont je ne plaide pas la cause, il est trop difficile de la séparer de celle du vice, mais dont je plains le sort si malheureux! Que ne nous dévoileriez-vous pas sur le mystère d'imposture & de perfidie qui a entraîné l'accomplissement de votre honte & vous a livrées à des larmes éternelles, vous qui auriez pu & qui espériez faire le bonheur de celui qui n'osant vous ôter la vie, a fait plus cruellement encore!... il vous l'a rendue insupportable.

Qu'on ne s'étonne donc pas après cela, si, environnée de tant d'écueils, les envisageant d'un œil justement inquiet, & désespérant de les traverser, d'arriver saines & sauves à une mer un peu moins dangereuse, les européennes se décident si facilement à mettre entre elles & le monde une barrière insurmontable. Le sort des récluses d'Asie n'est-il pas mille fois préférable?

Dans les sociétés où les choses se passent ainsi, qu'est-il résulté de cette grande liberté, cette extrême facilité de jouissance dévolue à l'homme, & de la situation si différente de la femme? trois circonstances bien dignes de remarque.

1º. Le plus sain des nœuds, le plus doux des engagemens dont la stricte observance est la sauve-garde des mœurs, le mariage, par un mépris positif du beau sexe, bien contrastant avec les éloges publics & privés dont on l'accable , le mariage a été tourné en ridicule, & dans le monde, comme sur les théâtres , rien n'est si commun que de voir , d'un côté une amante que son poursuivant ne peut assez louer , de l'autre , une épouse que ne peut aucunement supporter son époux.

Certes, ce n'est pas ainsi que pensaient, qu'agissaient les anciens; dans leurs plus grands débordemens, qui ont au moins égalé les nôtres, ils voulaient toujours qu'on respectât le mariage ; & nous voyons Caton , le vertueux, le sévère Caton , louer le débauché qui ne cherchait pas à porter atteinte à l'union conjugale :

Quidam notus homo, cum exiret fornice , macte
Virtute esto , inquit sententia dia Catonis ;
Nam simul ac venus inflavit tetra libido ,
Huc juvenes œquum est descendere, non alienas
    Permolere uxores.

Nous avons maintenant un préjugé bien opposé , nous tenons entre nous une conduite bien différente , & cette honteuse ressource , approuvée par le censeur romain, serait tout - à-coup ôtée au libertinage pour lequel nous l'avions aussi toujours cru nécessaire , que personne ne s'en plaindrait; ce qui , certainement ne serait rien moins que la preuve de la pureté de nos mœurs & l'effet de la réforme qu'elles auraient subie.

2°. Cette source impure d'où part la plus grande partie des désordres qui déshonorent la société, plongent les familles dans la honte & la désolation, cette carrière de l'oisiveté nommée à juste titre la mère de tous les vices, en un mot le célibat s'est multiplié d'une manière effrayante, a fait entrevoir à l'union sociale la possibilité de sa destruction & a dû être poursuivi directement ou indirectement par les lois ; (car ce qui est soumis à leur surveillance, à leur empire dans un pays ne l'est pas & ne peut pas toujours l'être dans un autre) mais il ne l'a jamais été assez vigoureusement par l'opinion publique ; car par-tout, si ce n'est par fois chez nous, l'opinion publique dépend de l'impulsion donnée par le plus grand nombre ; elle ne peut donc être contraire à ce qui flatte le plus ceux qui la déterminent ; & comme cette opinion publique qui constitue les mœurs & la mode, quelquefois d'accord & très-souvent en opposition, est vraiment l'expression, rarement bonne, de la volonté générale, on voit pourquoi elle peut être plus forte que la loi : de la l'importance de la bien diriger.

3°. Enfin, l'homme qui avait une si grande disposition & qui trouvait tant d'avantages à s'isoler de la femme, ne pouvant cependant pas toujours suivre son penchant, s'est décidé à racheter d'une autre manière le sacrifice qu'il croyait faire ; à son tour, il s'est vendu lui-même, il s'est créé, comme faisait la garde prétorienne, un simulacre d'idole qu'il n'a encensé pendant quelques jours que pour lui extorquer les *largesses de joyeux avénements;* & la détermination donnée à l'institution fédérative de la dot, est une preuve de la dépendance de la femme, aussi grande que celle à déduire de sa possession par suite d'un véritable achat.

N'importe, voilà l'homme décidé à lier son sort à celui d'une femme. Nous connaissons les dispositions dans lesquelles il se trouve en accomplissant cet acte ; nous connaissons également celle de la femme. Voyons si le bonheur peut se trouver dans l'union de deux individus, dont l'un retenu pendant quelque tems dans une certaine contrainte est dans l'intention formelle de s'en dédommager, & a pris non pas une compagne, comme il affecte de le dire, mais..... tranchons le mot, mais une esclave ; & l'autre accoutumé à tout recevoir, sera bientôt obligé de tout céder ; accoutumé à être obéi au moindre signe, sera bientôt obligé de se conformer à tous les caprices les plus ridicules & les plus étranges ; persuadé que la même étude sera

toujours mise à lui plaire, sera obligé à son tour
de chercher non pas à plaire (cela serait trop pré-
tendre) mais à se rendre supportable, & à la
place de la guirlande de fleurs qui a servi à l'en-
lacer, se trouvant sous un joug de fer, qu'il lui
faudra avoir l'air de porter avec plaisir pour ne
pas le rendre plus pesant, devra avec l'apparence
de la satisfaction, sacrifier tous ses goûts, tous ses
sentimens pour faire ce qui lui coûte & même ce
qui lui répugne le plus, & au lieu de ces belles &
séduisantes protestations d'un amour & d'une sou-
mission éternels n'entendra plus que ces mots prononcés, non avec l'accent d'un délire amoureux
qui n'existât jamais que dans ses yeux & son esprit
fascinés, mais avec l'accent du despotisme le plus
sévère.

> *Uxor vade foras, aut moribus utere nostris :*
>   *Non ego sum Curius, non Numa, non Tatius.*
> *Me jucunda juvant tractu per pocula noctes :*
>   *Tu properas pota surgere tristis aqua.*
> *Tu tenebris gaudes : me ludere teste lucerna,*
>   *Et juvat admissa rumpere luce latus.*
> *Fascia te, tunicæque, obscuraque pallia celant :*
>   *At mihi nulla satis nuda puella jacet,*
>   . . . . (1)
> *Si te delectat gravitas ; Lucretia toto*
>   *Sis licet usque die : Laïda nocte volo.*

---

(1) Qu'on ne s'imagine pas que l'omission que j'ai

Sans examiner tout ce qui prépare un si grand changement, dont les causes prédisposantes, ainsi que je crois l'avoir sommairement indiqué, sont & l'éducation mutuelle des deux sexes, pour ce qui regarde les rapports qui doivent un jour s'établir entr'eux, & la manière dont s'opère le principal de ces rapports, *le mariage*, examinons, avec toute la précision possible, quelles sont les causes les plus ordinaires qui le déterminent.

Dans les circonstances où les causes de mésintelligence de désunion, ne sont pas portées aussi loin que celles que je viens d'indiquer, & qui cependant ne sont pas les extrêmes de celles qui existent si souvent, on ne peut nier qu'en général tous les égards, toutes les complaisances, tous les soins, ceux mêmes relatifs à sa propre personne, tous les effets de la galanterie dont il abusait comme

---

faite ici soit dûe à ce que j'ai cru les autres vers de cette épigramme au-dessus de la vérité : non, non, je sais qu'ils sont au contraire fort au-dessous. Il me serait facile de le prouver; mais la perversité est assez grande pour qu'on me croye sur parole, et la décence, la pudeur ne me permettent pas d'entrer dans des détails aussi honteux que ceux qui sont à ma connaissance à ce sujet. Qu'il me suffise de les indiquer (si même cela n'est déjà trop) en me servant d'un idiome étranger.

amant, l'homme cesse entièrement d'en user comme époux, mais seulement comme époux ; & pour en avoir la preuve, suivez ce personnage qui dans la société, vous a paru si aimable & dont la réputation est si bien établie sous ce titre, suivez-le jusques chez lui, & dites-moi si c'est le même homme ; les exemples d'une conduite différente sont devenus si rares qu'ils sont regardés comme un contresens moral, une violation de l'ordre social sur laquelle il faut à pleines mains verser le ridicule ; ce que les femmes elles-mêmes ne sont pas les dernières à faire. Mais l'épouse qui n'est pas encore assez aguerrie pour prendre son parti si gaiement ; celle qui avait eu la bonne foi de croire à la millième partie des belles espérances qui lui avaient été si prodigalement accordées, quel vide ne doit-elle pas éprouver autour d'elle, au dedans d'elle, quand il lui faut tout rabattre, tout regarder comme *non avenu ?* Cependant elle sait que ce n'est que pour elle, pour elle seule qui devait tout attendre que tout est perdu. Isolée, abandonnée dans l'instant où elle croyait naître au monde, naître au bonheur, elle est elle-même poursuivie sans relâche par ces dangereux & hypocrites consolateurs pour obtenir d'elle qu'elle consente à devenir l'instrument de représailles, dont les *justes* & *raisonnables* usages du monde ont fait comme un devoir. De tout côté son injure lui est rappelée; tout contribue à la lui rendre plus sensible quand elle se trouve seule & livrée à elle-même; & dans cet état d'abandon, de dénûment de sensations, qui pour l'âme sont comme les alimens pour le corps, de cruels & fréquens accès d'une sombre mélancolie, mille fois pires que l'anéantissement qu'ils semblent présager, viennent l'assaillir & ne sont pas un dè ses moindres tourmens. Distractions, vengeance & dédommagement lui sont donc offerts par la même voie; l'espoir naît de l'excès du désespoir; le besoin aide à l'illusion; l'illusion entraîne la faute, & d'abîme en abîme l'épouse devient coupable par la force même du sentiment qui devait la rendre la plus estimable & la plus vertueuse des femmes. Cependant trompée encore une fois, elle ne le sera plus une troisième; non que rougissant d'elle-même & de la double perfidie qu'elle était si loin de prévoir & dont elle est la victime, elle rentre dans le sentier de l'honneur; il lui a été fermé pour jamais dès le premier pas qu'elle a fait pour en sortir; mais le desir de se venger, le double plaisir qu'elle trouve à le faire l'engagent à chercher, à créer & saisir toutes les occasions de se procurer la honteuse, mais unique jouissance qui lui reste. De là naît, s'établit, se perpétue & se multiplie ce commerce affreux de galanterie que l'homme ne craint pas de mettre entièrement sur le compte du beau sexe, quand lui seul de son plein gré en est l'agent le plus zélé & aussi le plus intéressé; quand il n'est pas une femme ayant pris part à cet abominable *pacte immoral*, qui n'y ait été forcée après la plus longue & la plus vigoureuse résistance contre tout ce que peuvent simultanément imaginer la tyrannie & la séduction. Et on accuse publiquement les femmes d'être inconstantes, légères, infidèles! Et c'est s'exposer à l'anathême que de ne pas en convenir, c'est commettre un plus grand crime que de chercher à les disculper de cette inique imputation! Eh! bien, rendons - nous coupables, criminels même, & montrons l'homme toujours plus avide de connaître, de divulguer, d'amplifier le mal que le bien, fut-ce à son propre détriment, montrons l'homme d'un côté receuillant avec une scrupuleuse attention tous les rares exemples qui peuvent faire accuser la femme; de l'autre affectant de ne pas connaître ou d'oublier les exemples multipliés & remarquables d'une fidélité & d'une constance à toute épreuve, qu'elle a fournis; ce n'est certainement pas sans motifs qu'il en agit ainsi : il faudrait qu'il commençât par citer toutes les femmes dont on ne peut mal parler, &

malgré tous ses efforts, le nombre en est encore
plus grand que le nombre de celles dont on mé-
dit ou qu'on calomnie injustement. Que de Péné-
lopes ! que d'Artemises ! que d'Alcestes ! que d'é-
pouses éloignées ou non de leurs maris sont dans le
cas des milésiennes & feraient comme elles, plutôt que de manquer à la foi conjugale en obéissant
à la voix de la nature trop exigeante!.... L'homme
peut-il nous citer en sa faveur des faits dignes de
ceux-ci ? C'est donc à lui, à lui seul que ces
reproches d'infidélité, de légèreté, d'inconstance
peuvent être justement adressés. C'est lui qui
reportant sur tous les objets son insatiable ambition, son insoutenable amour - propre, voudrait
sans respect (on le sait, je n'imagine rien) pour
les liens directs ou relatifs du sang, de l'amitié,
pour les mœurs, pour l'ordre social, &c., voudrait posséder, mais posséder une fois seulement,
cela lui suffit, toutes les belles qu'il rencontre. Il
ne fait rien envers elles que dans cette intention,
& mesure son mérite par le nombre des femmes
honnêtes qu'il pervertit ou des impudiques dont
il est lui-même la dupe. En effet, & c'est son
propre témoignage que je réclame, s'il lui a fallu
autant de tems, de soins, d'attentions, de mensonges, d'impostures, de fourberies, & de toutes
les subtilités amoureuses que je l'ai déja dit, pour

avoir accès auprès de l'innocente dont le cœur tranquille encore, n'attend néanmoins que le moment d'être ému & surpris, combien davantage n'en a-t-il pas employé pour rendre infidèle une épouse, une femme dont l'âme tient à la vertu par tant de nouveaux liens? au contraire, pour que l'homme oublie toutes ses promesses, tous ses sermens, tous ses devoirs, que faut-il de plus qu'un clin-d'œil, un sourire, un mot, un geste, &c., & même sans ces légères diversions, celle qui croit le posséder & qui veut se l'attacher, a tout à considérer & ne doit rien faire indifféremment. Un instant d'absence, une heure de présence, un peu de résistance, ou trop de l'acte contraire & une foule d'autres petites causes qui influent nullement sur ses propres sentimens & souvent même leur donnent une activité nouvelle, suffisent pour lui faire perdre tous ses droits. Il n'est peut-être pas une femme qui n'en ait eu, au moins une fois, la preuve convaincante & souvent avec des témoignages personnels, aussi cruels que honteux. L'homme peut bien craindre un rival; la femme a tout son sexe à redouter; de là, cette conduite des femmes entr'elles dont l'exposition pourrait donner lieu à un grand chapitre, mais qu'on peut esquisser en disant qu'elle est bâsée sur la crainte & la

jalousie ; d'où il suit que si elles ne sont pas naturellement ennemies les unes des autres, ce que
je suis très-éloigné de penser, elles sont toujours
prêtes à le devenir, toujours prêtes à agir comme
si elles l'étaient ; de là cette avidité à se chercher,
cette habileté à se trouver des torts, des ridicules, des défauts, &c., de là cette difficulté & cette
grande rareté d'intimité parfaite entr'elles, nouvelle & bien grande privation que n'éprouve pas
l'homme, qui peut dans l'un & l'autre sexe choisir un ami que la femme trouve rarement dans
l'un & jamais dans l'autre.

Aussi la loi morale qu'on ne peut accuser d'ê-
tre trop sévère à l'égard de la femme, mais d'ê-
tre trop douce pour l'homme, n'est peut être
telle envers lui que par suite de l'impossibilité
bien sentie de ne pouvoir l'astreindre davantage.
C'est sans doute parce qu'il est le plus léger, qu'il
a l'heureuse prérogative d'être inconstant sans être
infidèle, & de pouvoir aimer de bonne foi dans un
endroit & jouir accidentellement dans un autre.
Heureuse même l'épouse qui n'a que ce faible
chagrin à supporter ! Pour elle il n'en est pas
ainsi ; elle ne peut, elle ne doit point séparer
l'action physique de l'amour, du sentiment moral qui la détermine, parce qu'elle ne saurait
éprouver en même tems deux affections égales,

basées sur des motifs si différens , & que toujours elle trouve un maître dans celui qui parvient à lui faire franchir les dernières bornes de la pudeur. Voilà pourquoi l'homme dirige tous ses efforts de ce côté , & souvent pour s'en tenir aux honneurs d'un premier triomphe , quand au contraire la femme d'abord susceptible de résister aux attaques de l'homme comme à ses propres desirs , capable de se contenter des chimères d'un amour platonique ne peut plus en supporter le vide dès qu'une fois elle a été au - delà ; voilà aussi pourquoi une inconstance ne peut jamais être une chose indifférente de sa part ; & fut-elle involontaire , c'est une tache indélébile ; la mort même ne peut l'effacer :

. . . . *Levis una mors Virginum culpæ.*

Et pour les épouses il existe aussi une virginité : tu le savais bien , ô Lucrèce !

Ne quittons pas encore cette question sur le degré de légèreté respectif des deux sexes : car plus une question est extraordinaire & opposée , je ne dirai pas aux principes reçus (je ne puis appeler ainsi des erreurs de *fait* aussi grossières que générales) mais à l'opinion universellement établie , plus aussi cette question doit être approfondie.

Demandons-nous donc s'il n'y a pas au moins quelque spécieux prétexte qui autorise l'homme à accuser avec tant d'assurance la femme de ce dont il est lui-même & lui seul coupable ; je crois en effet que la femme paraît quelquefois secouer le joug la première : ce qui arrive lorsqu'elle ne peut plus supporter cet amour métaphysique auquel l'homme veut la réduire, par suite de son propre changement qu'il voudrait cacher par ce moyen. Ainsi c'est donc bien lui qui en donne le premier l'exemple. Mais qu'après son triomphe l'homme reste toujours tel qu'il était la veille, ou tel encore qu'il a été le lendemain de ce fortuné jour ; que dès la troisième aurore qui suit ce moment d'ivresse, il ne commence pas à faire établir entre ce qu'il est aujourd'hui & ce qu'il était avant cette singulière & critique époque, une comparaison qui n'est jamais à son avantage, sur-tout quand des rivaux sont toujours présens pour servir de terme de comparaison entre le passé & le présent, & je suis persuadé que la femme ne sera pas infidèle, car je le répète, je distingue la légèreté, l'inconstance, de l'infidélité, laquelle n'est pas dans l'essence morale de la femme, sur-tout considérée dans l'état social ; tout ce que j'ai dit le démontre, & le changement en sens inverse de ce qui avait lieu au-
paravant

paravant, qui, après l'instant dont je viens de parler, s'établit dans la conduite réciproque des deux individus, le démontre bien mieux encore...

Non seulement, donc, le changement que l'homme fait dans sa conduite envers la femme personnellement, détermine l'inconstance de celle-ci & l'opère forcément, quand cela arrive, mais c'est bien certainement & évidemment à lui même qu'appartient l'inconstance & l'infidélité *préméditées*, ou (si l'on veut le montrer un peu moins coupable) *considérées* comme parties essentielles de son caractère. Envain la femme fera tout pour le retenir ; inutiles efforts, soins superflus! il faut à l'homme des jouissances nouvelles ou des jouissances qui, entravées par des obstacles, conservent pendant quelque tems pour lui l'air & le mérite de la nouveauté. O loi infiniment sage & cependant ridicule à nos yeux, que celle qui mettait les époux dans l'obligation de ne se voir que furtivement! Où elle était en vigueur il n'y avait pas besoin, j'en suis sûr, de celle qui prescrivait au mari de *visiter son épouse trois fois par mois pour le moins*, loi que nous devrions trouver bien plus ridicule que la première, si elle n'indiquait pas l'état des mœurs publiques ; loi qui serait bien plus appropriée à nos mœurs & aux besoins de nos femmes qu'au goût de leurs trop

D d

chastes époux. Combien de jeunes beautés sont veuves & ont encore leurs maris ! Combien de maris sont pour leurs tristes & languissantes épouses, ce qu'était la statue de Pygmalion, pour ce trop habile statuaire. Du marbre : mais du marbre ; que jamais le feu de l'amour ne saura vivifier.

Il est maintenant facile d'expliquer certain phénomène que présente très-fréquemment la société & qui aura frappé aussi bien que moi quiconque a vécu un peu dans le monde ; & je ne veux pas simplement parler ici de la classe la plus distinguée, car toutes les classes en fournissent des exemples. J'ai observé que les unions clandestines, illicites, les unions *d'accord privé* qui reposent sur des bases toujours vicieuses & souvent criminelles, mais qui maintiennent les deux individus soit par rapport à eux mêmes, soit par rapport à leurs alentours, dans une certaine dépendance, dans le desir de se rendre mutuellement aimables tant qu'ils se plaisent mutuellement, sont les plus heureuses & les plus long - tems heureuses.

Mais aussi dans ces sortes d'unions, c'est presque toujours la femme qui donne la première l'exemple de l'infidélité, ce qui ne contredit ou ne dément en aucune manière ce que je viens d'établir ; car ce n'est pas inconstance de sa part.

Il est très-difficile pour ne pas dire impossible à l'homme d'être toujours ce qu'il s'est montré d'abord; il lui faudrait pour cela une suite continuelle d'efforts dont il est incapable. Comme alors la femme a presque toujours des qualités fictives ou réelles qui lui procurent un tribut constant d'hommages, il lui est libre & facile de rechercher, & aussi recherche-t-elle dans le nombre des *soupirans*, l'homme qui avait fixé son choix & qui en changeant lui-même rompt le premier le traité tacite qui les unissait: car alors il n'est plus celui qui l'a conclu, & par conséquent il n'a plus le droit d'en exiger l'exécution. Mais ce qui le touche le plus dans cet accident ce n'est pas la perte qu'il fait, c'est la honte d'avoir été devancé: car de toutes les douleurs que l'homme peut éprouver, celles que lui procure son amour-propre blessé lui est la plus poignante. Ceci nous aide à expliquer pourquoi, ainsi que je l'ai dit en parlant du système nerveux (1), l'homme susceptible d'un moins grand & moins sincère attachement que la femme, supporte pour le moment avec beaucoup plus de peine qu'elle le mauvais succès d'une affaire de cœur, quoiqu'il

---

(1) Voyez rapport physiologique, page 98 & 99.

ait beaucoup moins à perdre quand il lui arrive d'être leurré, & qu'il conserve encore mille moyens de s'en dédommager quand il n'en reste pas un à la femme séduire, trompée & délaissée. Ce qui est la conséquence ordinaire & l'effet rapide de son trop de confiance, indice de la pureté de son âme (1).

Voici encore ce qui arrive très-fréquemment dans ces sortes d'unions qui constituent une vraie polygamie. L'homme qui est le tyran de son épouse est lui-même tyrannisé, avili même par la femme qui remplace la première pour tout ce que celle-ci aurait droit d'en attendre ; & il exige de sa part autant de patience qu'il est obligé lui-même d'en mettre dans sa conduite avec la concubine qui sait le réduire plus bas qu'Hercule aux pieds d'Omphale, & venge elle-même l'infortunée dont elle fait le malheur, & au malheur de qui elle fait souvent ajouter l'outrage. Cela vient en partie de ce que malgré tout ce qu'elle a pu accorder, elle reste pendant long-

---

(1) Je le répète une femme est d'autant plus facile à tromper qu'elle est plus jeune, plus innocente, ou *plus vierge au moral*, car on peut ne l'être plus sous ce rapport, et l'être encore physiquement parlant.

tems , par rapport à l'homme , dans les mêmes circonstances où elle était avant que le dernier sceau
ne fut mis à leur accord (1); & l'on sait combien jusqu'à ce fortuné moment l'homme craint
peu de s'abaisser , de s'humilier devant la femme.
Si les conséquences d'un tel manége n'étaient
pas si terrible & n'éloignaient pas toute idée de
comparaison , on pourrait dire que l'enfant capri-
cieux & entêté qui supplie, pleure, crie, s'im-
patiente, promet sagesse & raison pour obtenir
ce qu'il lui est impossible de prendre , & qui

-----

(1) Cela vient aussi en partie de ce que la base
ou le but principal de ces sortes d'unions, est l'amour
purement physique. Je crois aussi que c'est là une des
causes qui, sans avoir épuré nos mœurs, en ont changé
les formes apparentes. Comme l'attachement pour les
concubines n'a plus rien eu que de grossier, de vile,
de brutal, on a cherché à se cacher mutuellement sa
turpitude, et s'il a toujours été possible , il n'a plus
été permis ni reçu de vivre publiquement avec une
femme de cette espèce ; tandis que le contraire avait
lieu chez les anciens où les courtisannes étant les
seules qui étudiassent les arts d'agrémens et qui cher-
chassent sous ce rapport à perfectionner, à orner leur
corps et leur esprit, ainsi que cela se pratique encore dans certains pays, se trouvaient les vraies femmes
de société, dans le sens particulier donné ici à cette
expression.

D d 3

veut une autre chose si on lui cède celle qu'il exige, est moins ridicule, moins digne de pitié, apprête moins à rire, que ce grave personnage qui, du jour au lendemain, fuit un objet avec une ardeur égale à celle avec laquelle il le poursuivait la veille : & pourquoi ? Je pense qu'il lui serait aussi impossible qu'à moi d'en donner une raison qui l'excusât un peu. Ecoutez-le parler, voyez-le agir dans chacun de ces cas, &, si vous pouvez le reconnaître, vous conviendrez que son rôle est d'abord aussi honteux qu'il est odieux ensuite.

C'est cependant dans la première de ces circonstances qu'on voit tout ce que la femme doit à la civilisation. Alors pour la femme sachant se respecter & se faire respecter, ou pour celle qui, s'oubliant, sait comme on le dit, *se mettre au-dessus du préjugé*, & si je puis m'exprimer ainsi, sait s'emparer d'elle-même, la supériorité physique de l'homme se trouve sinon anéantie, au moins sans aucun effet, ce qui le réduit à la condition humiliante d'un astucieux & hypocrite suppliant, condition bien dure pour lui. Car, avec le sentiment de sa force, l'homme s'indigne d'être obligé de demander & le plus souvent il ne persiste à demander que parce qu'il s'indigne encore plus d'avoir demandé envain, &

pour préparer la vengeance de son orgueil humilié; ce qui arrive ou n'arrive pas, selon la circonstance, dans laquelle, ainsi que je viens de le dire, la femme se trouve ou se place par rapport à la société. En effet, en parvenant au dernier terme de ses desirs, l'homme devient le maître de toute femme dont il n'est pas la dupe, & plus qu'auparavant, le honteux, le vile esclave de toute femme qui, ayant mis de côté les considérations morales, s'est strictement parlant, émancipée par rapport à la dépendance dans laquelle la femme vertueuse est & doit toujours être; & comme l'action directe du droit du plus fort n'a plus lieu, elle se trouve réellement audessus de l'homme qui est assez insensé, assez peu maître de soi-même, pour se dégrader en faisant exclusivement consister le bonheur suprême dans la plus grossière des voluptés, à laquelle, cependant, il n'attache de prix (& le fait trop commun dont je parle en est la preuve la plus convaincante,) qu'autant qu'on peut la lui refuser, ou, quand on veut bien être moins sévère, la lui faire payer très-cher, la lui fait payer non seulement de sa fortune, mais de son honneur, de l'oubli de tous ses devoirs, tant civils que moraux, de l'oubli de toutes les convenances sociales, &c., pour le rendre le jouet, le

D d 4

mannequin constant d'une éhontée , à laquelle (si comme femme elle eut été vraiment digne de fixer un homme ayant de la loyauté & des principes) il ne se serait soumis en apparence qu'autant de tems qu'il lui en aurait fallu pour la tromper & se rire d'un tel exploit. Tout ceci est évidemment la confirmation du paragraphe précédent , & me semblerait assez équitable , quant à ce qui en résulte en dernier ressort pour l'homme , si la juste punition qu'il trouve dans le fait même de sa coupable conduite, par toutes les amertumes, les humiliations , les inquiétudes , &c. qu'il lui faut dévorer , n'entraînait pas '(& c'est là le comble de l'atrocité) le supplice immérité d'un & souvent de plusieurs innocens.

Il n'est pas difficile maintenant d'expliquer, non pas pourquoi les femmes sont si souvent trompées dans leur affection (cela demanderait bien d'autres développemens) mais pourquoi elles ne se décident qu'avec une peine extrême à prendre un époux qui ne leur convient pas ou qu'elles croient ne pas leur convenir sous certain rapport, (peu importe lequel) malgré qu'elles en reçoivent ce qu'on appelle *des avantages;* mais ils sont relatifs ces avantages, & la femme veut du *per-sonnel;* elle ne compte pas sur les dédommagemens illicites ; elle connait toute l'étendue , toute la rigueur de ses devoirs ; elle sait que pouvoir être l'objet de la conversation injustement ou non & pour quelque motif que ce soit, fut-ce même pour être louée, ce qui est si rare (1), est déja un *tort* pour la femme. Elle sait que quoiqu'elle puisse faire, la malignité ira au devant de sa conduite pour l'interpréter à son désavantage & la

---

(1) Je ne parle point ici de ce que chacun dit ou s'efforce de dire d'agréable, de flatteur pour elle même ou pour son sexe, à la femme à qui il veut, pour m'exprimer en terme technique, *tourner la tête*, mais de la manière dont la société en général parle des femmes en particulier ; et je dois en faire l'aveu, elles n'ont pas d'ennemis plus actifs, plus clairvoyans, plus adroits que les femmes mêmes ; mais je dois dire aussi que ce vice si affreux et si commun parmi elles l'envie, la jalousie d'où dérive toute méchanceté, n'est pas dans leur caractère naturel, et soit dessein prémédité de la part de l'homme, soit hazard, cela est encore un effet des *heureux changemens qu'il a opéré dans le beau sexe* et de la situation dans laquelle il est parvenu à placer les femmes respectivement entr'elles, et à se placer lui-même au milieu d'elles. Il n'aurait pas eu tant d'avantages s'il n'eut pas ainsi isolé la cause de chacune, de la cause commune du sexe.

J'ai déja dit un mot à ce sujet pour prouver que cette disposition des femmes les unes par rapport aux autres ne leur est pas naturelle. En effet la femme est *naturellement* bonne, on peut l'affirmer, tandis qu'on peut si

rendre criminelle, en supposant qu'elle ne le soit pas. Car l'homme a encore cet avantage d'être au-dessus de la calomnie, quand il a pour lui sa conscience; un tel suffrage lui suffit. Il n'en est pas de même de la femme; ce n'est pas assez que ses actions soient irréprochables, il faut encore qu'elles paraissent telles aux yeux de tous; ce n'est pas à elle seule ou uniquement aux per-

---

non affirmer au moins fortement présumer que l'homme est naturellement méchant. Voulez-vous en avoir la preuve? Entre les mains de la petite fille la plus espiegle, et il en est qui le sont, et entre les mains du petit garçon le plus doux, le plus tranquille qu'on pourra trouver, mettez un oiseau ou tout autre animal dont chacun d'eux puisse être le maître, et voyez de quelle manière chaque prisonnier est traité. La différence que vous appercevrez vous convaincra que la femme est faite pour aimer, et il faut absolument un aliment à cette extrême sensibilité naturelle; c'est pourquoi elle dégénère si facilement en *manie* quand, par une cause quelconque, elle est détournée de son objet naturel, et malheur à l'époux, aux enfans de la femme qui erre dans le choix de cet objet, fut-il indifférent ou même louable en lui-même. Pour moi je préférerais une femme aimant mon rival à celle trop éprise de son carlin, sa minette, son directeur, son perroquet, ou même son doc....; mais chut..... ne soyons pas faux frère....

sonnes à qui elle est attachée, c'est à la société entière que la femme en doit compte. C'est pourquoi elle veut éviter de devenir coupable, & même de donner prise aux plus légers soupçons, en cherchant à s'attacher à l'objet qui semble lui convenir le mieux. Il est vrai qu'elle se trompe souvent dans cette recherche : *In vitium ducit culpœ fuga*, & le plus souvent elle en est cruellement punie, mais, ce n'est pas ce qui doit nous occuper en ce moment : c'est son motif seul qu'il nous faut considérer.

On voit par les mêmes raisons pourquoi les hommes jouissant de la plus grande liberté, se lient sans répugnance, sans scrupule & sans aucune hésitation, à des personnes avec qui ils sont convaincus d'avance de ne pouvoir vivre selon les conventions déterminées. De toutes les clauses du contrat ils n'ont l'intention d'exécuter que celle qui porte l'acceptation d'une *grosse dot*, seul objet qu'ils aient poursuivi, seul trait qui ait porté dans leur cœur l'étincelle des feux de l'amour :

Inde faces ardent, veniunt a dote sagittæ.

Que la femme douée de toutes ces qualités physiques dont l'assemblage, heureusement aussi rare que brillant, constitue ce qu'on nomme une beauté parfaite, ne croye pas être à l'abri des accidens dont je viens d'esquisser le tableau ; pour beaucoup de motifs, elle y est bien plus exposée qu'aucune autre. C'est cependant le principal présent que la mère desire faire à sa fille ; à ses yeux éblouis, le plus brillant avenir s'élève sur cette base fragile ; mère insensée !... malheureuse fille !... dangereux présent ! véritable boîte de Pandore ! que dis-je ? présent mille fois plus funeste pour celle qui le reçoit ; l'espérance ne s'y trouve pas à la suite de tous les maux qu'il lui apporte. Un faux espoir les cache tous & s'envole le premier dès qu'il a séduit & qu'on veut en saisir le phantôme décevant.... Oui, toute métaphore à part, il est presque certain qu'une éminente beauté est un appel au malheur. Au lieu d'en citer des exemples trop nombreux & trop faciles à trouver (1), voyons quelles peuvent en être les causes.

---

(1) Je parle ici de ces exemples fameux dans l'histoire, et connus de tout le monde. Mais indépendamment de ceux là, je dois dire que de toute les infortunées victimes de la séduction, que je connais, et j'en connais beaucoup, les deux tiers au moins font partie des personnes qui se faisaient distinguer par leur beauté dans le cercle de leur société ; mais abstraction faite de son malheur personnel, si la femme qui doit

L'idée que la beauté est dans une femme la première des qualités qu'elle peut tenir lieu de toutes les autres; idée qui en général par rapport aux parens, revient à celle-ci, que bien loin d'avoir besoin d'acheter un mari à leur fille, il s'en trouvera un d'un rang supérieur qui s'estimera heureux d'obtenir sa seule personne, ou même de l'acheter, cette idée est la première & presque la seule qu'on cherche à inspirer à une jeune fille: de son côté, gâtée par de telles insinuations, & plus encore par la lecture de ces pitoyables enfans du besoin, de l'incapacité, du délire & de l'oisiveté, de ces mauvais livres ennemis déclarés du goût, des mœurs, du sens commun & de leurs imbécilles lecteurs, encore plus gâtée, dis-je, par les romans où elle voit constamment reparaître l'imaginaire réalité du tableau miraculeux, ou plutôt monstrueux, qu'elle s'est formée du monde & de ses événemens, celle-ci se croit destinée à être une de ces créatures privilégiées pour qui toutes les lois naturelles & ci-

---

être belle avait la plus légère idée de tous les maux que sa beauté va causer, elle la maudirait elle-même, et dût-elle être parfaitement heureuse, elle frémirait d'acheter le bonheur à pareil prix, et de le faire payer si cher à l'humanité.

viles, toutes les convenances sociales doivent être changées, interverties, bouleversées, anéanties même pour lui faire suivre sa carrière prédestinée. L'histoire malheureuse de sa compagne, de son amie, de sa sœur peut - être, déchue du rang de femme digne d'être nommée avec honneur pour aller se perdre dans la foule de celles qu'ordinairement on méprise plus qu'on ne les plaint, ne saurait lui ouvrir les yeux sur le sort qu'elle même se prépare ; & pour peu que quelques traits agréables, le vernis, la fraîcheur de la jeunesse viennent aider à une illusion toujours très-facile, elle se persuade qu'à elle seule il est réservé de faire une heureuse & certaine exception à tant de naufrages. Qu'importe à quelqu'étage que le sort des naissances, ce sort aveugle & injuste pour tout le monde, l'ait placée ; son miroir la venge & l'élève. Sortant du fond bourbeux de l'Océan, Vénus ne fut-elle pas portée en triomphe dans l'Olimpe ? Malgré qu'elle ne travaille aucunement à acquérir rien de ce qui pourrait la rendre personnellement plus précieuse & plus digne de *l'honneur, & des avantages d'une folle passion*, aussi bien ou mieux que celles des victimes de cet excessif aveuglement, qu'elle connaît, elle a tout ce qui pouvait motiver leur espoir ; elle a de plus, tout ce qui leur man-

quait pour le rendre infaillible, & pour justifier
ou même autoriser aux yeux d'autrui comme aux
siens propres, un de ces grands & subits atta-
chemens, œuvre d'un hazard sympathique qui,
en une *seconde*, par un clin d'œil, rapproche
& confond les cœurs, les rangs, les fortunes,
& tous les autres articles des distinctions sociales,
quelque distance qu'il y ait sous ce rapport entre elle & celui que sa grande beauté & ses idées
romanesques lui destinent..... Ainsi lui parle
sa vanité, & comment ne l'écouterait-elle pas?
Elle ne lui dit que ce que chacun lui répète.

Je veux cependant, je veux qu'elle soit du
petit nombre *des élues*; je veux qu'elle arrive
heureusement à l'autel de l'hymenée, & qu'elle
montre l'effet le *plus étonnant & le plus fort
des mariages d'inclination*, où l'amour-propre se
trouve presque toujours tenir la place du sincère amour; hélas ! pour arriver un peu plus
tard son malheur n'en est pas moins certain.

Les premiers momens de l'ivresse passés; &
qui ne connaît la promptitude avec laquelle ils
passent! c'est l'éclair suivi de ténèbres d'autant plus
épaisses qu'il a été plus brillant; ces premiers
momens passés, dis-je, l'homme commence à
réfléchir, & c'est là ce qui le tue comme ce qui
l'anime, selon l'objet de la réflexion. Il com-

mence à tout examiner à la lueur de la raison ,
& dans cette occurrence la raison est une nouvelle folie ; car le plus avantageux pour lui serait que son délire continuât ; mais non , une
telle constance n'est pas dans l'ordre des événemens ordinaires. L'homme réduit donc bientôt
les choses à leur propre valeur & même au dessous. La belle femme n'est plus pour lui qu'une
femme ordinaire; ses souvenirs , ses impressions
actuelles viennent lui parler contre elle. Il n'est
pas assez juste pour s'accuser soi même. Il s'apperçoit bien qu'il est trompé dans son attente ,
mais il ne veut pas voir qui l'a trompé ; dans son
dépit aussi ridicule que son fol amour , il renverse
la divinité pour laquelle nagueres il craignait de ne
jamais brûler assez d'encens ; il l'abandonne sur
l'autel qu'il lui a dressé pour en dresser un ailleurs
à une rivale , qui souvent n'a d'autre avantage sur
celle dont elle blesse les justes droits que de n'être
pas l'épouse ; & dès lors, celle-ci est irrévocablement perdue ; elle est bientôt jettée dans le tourbillon des femmes galantes par la soif des adorations , par le besoin d'adorateurs dont elle s'est
fait une habitude, & plus que tout cela, par l'ennui qui la dévore & qu'elle ne peut ni tromper ni
fuir , étant forcée par le vide de son âme, par le
vice de son éducation de demeurer dans l'oisiveté

cette

cette mère de tous les vices, laquelle les engendre suivant l'état particulier des individus qu'elle opprime & qu'elle doit perdre : ainsi pour l'homme qui, depuis la *classe aisée* jusqu'à la plus riche, a reçu certaine éducation & qui veut paraître y tenir malgré ses débordemens, l'oisiveté en fait un joueur, & il peut encore dans le plus infernal tripot, ô comble de la perversité & du ridicule ! en sacrifiant les intérêts les plus chers, en oubliant, en rompant les engagemens les plus sacrés, il peut encore conserver le titre qui paraît tant le flatter, celui d'homme d'honneur, d'homme loyal, s'il acquitte, à quelque prix que ce soit, une dette infâme, aveuglément contractée dans le houteux accès de la plus fougueuse & la plus incompréhensible des passions (1) : ainsi aux

---

(1) J'ai cité la passion du jeu, parce que c'est une des passions les plus communes, une de celles qui conduisent le plus rapidement aux dernières extrémités, le malheureux dominé par elles, & une de celles pour lesquelles on a le plus d'indulgence, quoiqu'elle fasse plus de victimes que toutes les autres, car la moitié au moins des *suicides*, sont des joueurs. Cependant le joueur heureux chargé des dépouilles de vingt familles est reçu, fêté, &c., parce qu'on est intéressée à le voir, & à le voir du bon côté ; *c'est dommage*, dit-on, il n'a pas d'autres défauts, & pour-

femmes qui se trouvent dans une situation analogue à celle des hommes dont nous venons de

---

quoi ? parce qu'il est impossible d'être asservi à la
fois à deux passions extrêmes, & que celle du jeu est
la seule à laquelle l'homme puisse se livrer à volonté, & avec le plus de constance & d'excès. Ap-
prend-on la nouvelle du dernier acte de désespoir
d'un joueur, on dit encore, *c'est dommage*, car il
était honnête homme, aimable, bon, généreux, &c.
Qu'est-ce que cela signifie ?... L'opinion poursuit le
marchand, l'accuse de tromper en livrant sa marchan-
dise; poursuit l'architecte, l'accuse de tromper en augmentant la dépense à l'aide de quelque ornement de plus;
l'opinion flétrit l'avare, flétrit l'intrigant, qui, celui-ci
pour s'elever, celui - là pour s'enrichir, employent des
moyens vils ou même odieux, &c., & l'on peut regarder
avec quelque considération , faire même l'éloge d'un
homme qui, sous quelques dehors futiles & dépen-
dans de son vice principal, cache l'âme la plus noire;
qui pour la satisfaction du vice le plus insensé & le
plus désordonné, perd ou repousse à dessein tout
souvenir d'épouse, d'enfans, toute idée d'honneur,
de devoirs, soit naturels soit civils, &c.... Quelle
immorale incohérence ! Ah ! loin de soutenir, de favoriser les jeux, il faudrait les réprimer de la manière la plus sévère, mais plutôt par l'entremise de
l'opinion publique, que par les lois ; car il est des
objets qu'il leur est presqu'impossible de soumettre
directement à leur jurisdiction. Loin de supporter,

parler, l'oisiveté offre dans la carrière galante un *moyen innocent* de combattre l'ennui en conservant le titre *d'honnête femme,* titre qui à la vérité, comme celui *d'honnête homme,* a maintenant un sens bien ambigu.

Pour se convaincre de la vérité de ce que je dis sur l'effet de l'oisiveté, on n'a qu'à considérer dans quels rangs se trouvent principalement les femmes qui ont anéanti la classe des courtisannes, institué & soutenu l'ordre honteux des hommes à bonnes fortunes, dont l'impudence, égale à leur immoralité, devrait bien éclairer la femme qui

---

d'acceuillir les joueurs, il faudrait les rejeter, les respuer de toute société. Il faudrait frapper d'ignominie l'homme ruiné ou mort par les suites du jeu. Il faudrait, dans chacun des enfers, où s'ourdit & s'exécute la perte ou la ruine d'un si grand nombre d'infortunés, il faudrait en perpétuer le souvenir par des inscriptions en caractères d'or & de sang mêlés qui diraient : *tel jour après une séance tenue avec tel scélérat, tel autre s'est donné la mort ; sa perte a entraîné celle de tant de malheureuses victimes dont l'existence tenait à la sienne, et sa ruine celle de tant d'autres individus de la bonne-foi desquels il se jouoit à l'aide de toutes sortes de moyens plus honteux les uns que les autres....* Car c'est là ce que font tous les joueurs.

s'est le plus mise au dessus des préjugés, sur le but vers lequel ils tendent exclusivement dans leur poursuite, qui est de grossir la liste de leurs prétendues conquêtes qu'ils affichent publiquement, & dont ils se servent pour amener un nouveau triomphe; moyen, qui le croirait! presque toujours infaillible. C'est ainsi qu'avec l'innocente proie qu'il a déjà surprise, l'oiseleur barbare trompe la proie qu'il veut surprendre encore !......

Considérons en outre que dans les classes qui sont comme l'apanage assuré de ces privilégiés ennemis de l'ordre & des mœurs, de la tranquillité & de l'honneur des familles, celles des femmes qui savent & qui peuvent s'occuper leur échappent presque toujours. Cependant jusques en faisant le mal, l'homme aime à trouver des difficultés à vaincre; & plus une femme a de droits au respect, plus elle est supposée tenir à ses devoirs, plus l'honneur de ces illustres chevaliers est intéressé à lui ravir le sien : aussi une pareille victoire est-elle leur plus grand *fait d'armes*. Mais du travail, des enfans, des détails domestiques sont pour eux ce qu'une eau limpide & courante est pour les insectes bourbeux; ce qu'un air pur & renouvelé, ce que certaines odeurs suaves sont pour les insectes rongeurs.

Toutes les circonstances défavorables que j'ai

précédemment exposées ou simplement indiquées
ne se réuniraient-elles pas contre la belle femme,
ou les aurait - elle fait tourner en sa faveur,
en réunissant à la beauté tout ce qui peut flatter &
tout ce qui devrait fixer l'homme, elle aurait
encore deux chances ennemies à courir, provenant
de l'inconstance extrême de l'homme, & de l'excessive fragilité de la beauté ; car ce n'est que
cette beauté que l'homme aime dans une belle
femme, & non pas son épouse. En effet, qu'il lui
survienne un petit accident :

Très rugæ subeant, et se cutis arida laxet ;
Fiant obscuri dentes, oculique minores,

s'il ne lui fait pas aussitôt dire comme les contemporains de l'auteur qui vient de parler

Collige sarcinulas...... et exi.

C'est qu'il n'en a pas la faculté ; mais ce qu'il
lui fera éprouver d'un autre côté sera peut-être
pire pour elle que le divorce ou la répudiation.

Cependant à force de soins, de précautions,
dont l'excès même peut nuire à sa santé, par-
viendra-t-elle à éloigner cette cause d'abandon,
elle n'échappera point à l'autre ; & une preuve
de l'insuffisance des avantages extérieurs pour at-

E e 3

tacher long-tems un époux, c'est que le mari d'une très-belle ou très-jolie femme, (ce qui selon les goûts peut être synonime) convoite & séduit celle de son ami, laquelle n'est pas qu'en beauté seulement, inférieure à la sienne. Souvent même les choses n'en restent pas là ; combien de fois n'a - t - on pas vu un monstre ne tenir à une aimable mère de famille, que par les persécutions qu'il lui faisait éprouver, & se rendre le servile & malheureux esclave d'une concubine qui même en lui ôtant ses vices, n'aurait permis aucune comparaison ? O incompréhensibilité du cœur humain !

Il est vrai que l'antipathie décidée qui règne entre la plupart des époux, parmi toutes les causes qui contribuent à la produire, en reconnait souvent de plus légères, mais plus souvent encore elle en reconnait de plus graves & toujours provenant du *chef*.

Si un air méprisant, un ton despotique déplacé, des *taquineries* continuelles, de violens accès de colère ou un emportement excessif pour les choses les plus indifférentes en elles-mêmes, des privations imposées sans nécessité, si ce n'est le désir de montrer qu'on a une volonté, & mille autres torts aussi faibles que ridicules, mais répétés sans cesse & dans les occasions les plus humilian-

tes, fatiguent la femme la plus patiente, refroi-
dissent la plus affectionnée, & finissent par lui
rendre le joug insupportable, que doit-il arriver
& que n'a-t-elle pas à souffrir, lorsque son sort
est lié à l'un de ces libertins de profession, pour
qui tous les vices sont une habitude, ou à l'un de
ceux qui, plus bornés dans leur dépravation,
ne s'adonnent, ce qui est assez rare, qu'à un seul
genre, mais aussi le poussent à l'excès ? C'est alors
que les plus sévères juges sont tentés d'excuser les
épouses qui faillent en pareille occurence ; mais
aussi c'est alors qu'on peut apprécier tout le mérite des femmes, connaître jusqu'où il va, en
quoi il consiste & combien il est loin de dépendre, ainsi qu'on aurait voulu nous le faire croire
dans ces derniers tems, de leur adresse à trouver
& conserver leur place mobile dans le tourbillon
confus d'un bal, de l'agilité de leurs petits pieds
sur l'élastique parquet, de l'agilité de leurs belles
mains sur le sonore instrument, de la souplesse
de leur gosier, de leur hardiesse à saisir la plume,
le crayon, à chausser le cothurne, à dépeindre
parfaitement des sentimens qui ont fait le malheur ou la honte de celles qui les ont réellement éprouvés, &c, &c, quand on les voit
en si grand nombre supporter avec un courage
au-dessus des forces humaines, un supplice per-

manent, plus cruel que la mort, plus cruel mille fois que le supplice de Mezence, avec lequel il n'est pas sans analogie; témoin ces mots qu'un poëte a mis dans la bouche d'une femme, moins malheureuse que beaucoup d'autres, que je connais, dont le sort est absolument semblable à celui qu'elle ne faisait que redouter & entrevoir en disant:

..... Pæna nam gravior nece est
Videre tumidos, et truces miseræ mihi
Vultus tyranni jungere atque hosti oscula...

Non seulement il y a du mérite de leur part à supporter une situation si affreuse, mais il y en a encore plus dans la manière habile, adroite & vraiment admirable qu'elles employent, mais presque toujours infructueusement, pour retirer le scélérat auteur de tant de maux, du malheureux penchant qui l'entraîne vers sa ruine & qui ne l'y entraîne pas seul. Avec quelle douceur elles en supportent les cruels effets; avec quelle bonté elles cherchent même à leur propre détriment, à en dérober les traces aux yeux de leurs alentours!.....

Mais il y en aurait beaucoup moins de soumises à d'aussi rudes épreuves, sans une opinion malheureusement très répandue, qui en morale est le principe le plus erronné, le plus contraire à la saine raison & même au sens commun, qu'il soit possible d'imaginer.

Ainsi l'on est persuadé, pour me servir d'une façon de parler proverbiale, mais qui rend b'en ce que je veux dire, l'on est persuadé qu'il *faut que jeunesse se passe* dans un tems ou dans un autre ; c'est-à-dire qu'il faut que tôt ou tard l'homme, (car c'est pour lui seul, lui exclusivement doué de la raison , qu'existe un si beau privilége) fasse des sottises, des étourderies, se plonge dans la débauche, le libertinage, & que si cette époque critique & honteuse n'arrive pas dans son tems ordinaire elle arrivera dans un tems moins opportun (1) ; *car la nature ne veut rien perdre.*

---

(1) Quand on voit des raisonnemens si absurdes, généralement adoptés, en vérité on peut bien pardonner aux déraisonnemens particuliers dont vous accablent si fréquemment les grands dialecticiens des petites coteries. Ce n'est pas ainsi que pensoient les Grecs et les Romains ; chez eux, si toute fois on peut encore prendre ces *petits peuples* pour exemple en quelque chose, chez eux on cherchait à inculquer à la jeunesse des principes un peu plus sévères ; chez eux on l'éloignait le plus exactement et le plus longtems possible de la scene des débordemens de l'âge mûr ; chez eux les jeunes gens n'étaient pas de *grands hommes* ; chez eux.... Mais

Je doute cependant qu'elle puisse jamais se faire restituer tout ce que nous lui avons ravi ; mais qu'importe, poursuivons. Qu'a-t-on conclu, & que con-
cluent chaque jour de cette singulière proposition,
même des mères de famille qui ont des filles à marier, & qui sont bien intéressées à voir plus juste à
cet égard : c'est qu'il est plus avantageux à une
femme d'épouser l'homme qui s'est conduit de
la manière qui s'appelle en langage du monde,
faire la vie, que celui qui s'est toujours com-
porté d'une manière, je ne dirai pas honnête,
(je ne serais pas entendu : on peut être honnête
homme & libertin, joueur, débauché) mais irré-
prochable.

à quoi bon les citer d'avantage ? Je n'apprendrais rien
à personne, et je me ferais à coup sûr un terrible et
dangéreux procès avec ces *misophes* ou *anti-philo-
sophes* déclarés; ces illustres pédagogues qui tra-
vaillent si joliment la raison humaine, qui ne voyént
et veulent qu'on ne voye dans l'antiquité que les beaux
faits, mœurs et coutumes rabbiniques, que Moyse,
Josué et leurs tours de baguette si droles et plus naturels, plus certains, plus évidemment démoutrés que
les lois et principes des sciences physiques, au moyen
desquels on ne voit que là où il fait clair ; ce qui
effectivement n'est pas un grand miracle pour ces
esprits légers et perçans qui voyagent sans cesse à
perte de vue dans les cieux.

Je ne veux pas me perdre en long discours, pour répondre à ceux qui sont assez déraisonnables pour prendre un proverbe pour se diriger ou diriger les personnes qui leur sont le plus chères, dans l'acte le plus important de la vie. Je leur opposerai un autre proverbe plus sûr que le premier, & qui est un axiôme, parce qu'il est fondé sur une expérience générale & sur la connaissance du cœur humain & des effets de l'habitude sur le moral & le physique de l'homme ; c'est que *qui a bu boira;* c'est-à-dire, que s'il est difficile de rester toujours dans la bonne voie, il est encore plus difficile d'y rentrer quand on en est sorti. Il me serait très-facile d'en donner mille preuves ; mais la perversité est assez grande pour que chacun puisse se les indiquer soi-même. Ma tâche n'est pas de signaler le *méchant,* mais de montrer le mal & sa source. Des conversions étonnantes autant qu'inespérées, à la vérité se présentent quelquefois, mais elles sont bien rares, & quelques rares qu'elles soient, le plus souvent l'impossibilité physique de faire autrement ou l'hypocrisie en sont les seules causes. Et c'est à vous seules que je le demande, ô mères trop ou pas assez clairvoyantes ! Dans chacune de ces circonstances, quel sort est réservé à vos malheureuses filles ? & pour que vous ne puissiez pas m'accuser de me laisser trop entraîner par mes injustes & chimériques préventions, dites-moi, si vous êtes si qui que ce soit est à connaître, pour exemple de la première circonstance, quelqu'un de ces *aimables roués*, qui, caduques, *impotens* à l'âge où l'homme doit être le plus fort & le plus *valide*, se décident à prendre femme pour avoir un serviteur affidé ; & pour exemple du second cas, quelqu'un de ces libertins de profession, qui n'ayant plus de quoi alimenter leur déplorable penchant, de quoi remplir les engagemens onereux qu'il leur a fait contracter, qui, placés entre une vie & une mort ignominieuses, tentent une dernière ressource, se décident non pas à prendre femme, mais à extorquer une dot qui ne recule leur perte qu'autant de tems qu'il en faut pour les rendre plus criminels, puisqu'en purgeant plus tard la terre de leur présence, ils y laissent de nouvelles & de plus innocentes victimes de leurs honteux & coupables excès.

Je n'acheverai pas la peinture du sort qui attend la femme dans les liens fortunés du mariage, comme épouse ; il me serait facile de prouver qu'elle n'est pas plus heureuse comme mère, que toutes les jouissances de la maternité sont rares, tardives & souvent idéales, & tous ses maux nombreux, précoces & toujours réels (1). Pour ne pas paraître, quoique bien à tort, prendre toujours les choses au pis, supposons donc que la femme ait été aussi heureuse qu'elle puisse le desirer; que par sa beauté, sa fraîcheur, &c, elle a pu flatter l'amour - propre, exciter, contenter & fixer les desirs de l'homme : hélas! que cette ombre de félicité est peu de chose en comparaison de toutes les amertumes qui lui sont encore réservées dans cette longue portion de sa vie qui se hâte si rapidement de succéder à l'âge si brillant, mais si passager, de sa perfection physique, principale source des jouissances qu'elle a pu goûter & faire goûter; ce qui nous indique cette nouvelle & bien grande différence entre l'homme & la femme, que pour celle-ci, toutes les sensations qu'elle peut éprouver & faire éprouver, sont entièrement relatives à sa manière d'être au physique; il n'en est pas de même pour l'homme; observation dont les évènemens les plus

---

(1) Je me contenterai de renvoyer le lecteur à l'un des plus profonds penseurs de l'antiquité, Plutarque. En ajoutant à ce qu'il dit sur ce sujet, ce que nous savons & ce dont chaque jour nous sommes témoins, on aurait la matière d'une vaste, mais bien triste amplification.

ordinaires & les plus communs de la société, parmi nous, sont la continuelle confirmation. Mais reprenons les choses d'un peu plus haut :

« *Tu es trop vieille, Elpinice, tu es trop* » *vieille, pour venir à bout de si grandes cho-* » *ses* » ! Tel est le honteux & injurieux reproche qu'un des plus grands hommes de la Grèce, adresse à la sœur de Cimon, qui le prie d'adoucir l'accusation qu'il doit porter contre son frère ; & cette réponse en décelant tout à la fois, autant de bassesse que d'immoralité, nous donne un assez juste apperçu du sort que la vieillesse, & non pas le grand âge, (ce qui pour elle est bien différent) réserve à la femme ; & dans toute autre circonstance que celle où le prononçait Périclès, ce mot de *vieille femme* est toujours l'expression du mépris & de l'insulte.

A l'époque de la décadence des êtres animés, appelée vieillesse, les deux sexes ont des intérêts moins divers, moins opposés à débattre, & cependant loin qu'ils se rapprochent, loin qu'il s'établisse entr'eux une plus grande ressemblance que celle que nous avons rencontrée jusqu'à cette heure, les différences se multiplient, & le seul lien qui puisse attacher l'homme à sa compagne venant à s'affaiblir, à se relâcher naturellement, si déjà il n'a été rompu par la force, la femme ne tarde pas à éprouver qu'elle n'a jamais mieux senti le malheur d'être femme que dans sa nouvelle situation.

Je ne rechercherai pas quel est son sort chez les différens peuples qui ne la considèrent que comme une bête de somme, ou un instrument de volupté. Ce que j'aurais à dire serait par trop dégoûtant & ne présenterait aucun intérêt. Il y a trop d'éloignement entre de telles mœurs & les nôtres, ou plutôt entre nos mœurs & de tels actes de barbarie ; & si ce qu'elle a généralement éprouvé chez tous les peuples civilisés est plus cruel, c'est relativement à sa manière de sentir, qui plus développée, doit lui faire trouver le mépris dont on l'accable, l'isolement dans lequel on la laisse bien plus insupportable que les mauvais traitemens physiques auxquels toute sa vie antérieure a dû lui faire croire qu'elle était destinée chez les nations barbares, où toute son éducation se réduit à apprendre qu'elle est le premier & souvent le moins précieux des animaux domestiques, que l'homme ait subjugués. Combien nous en agissons mieux envers elle ! Toute l'éducation que nous lui donnons (1) a pour but de lui persuader que l'homme doit être son très-humble & très-respectueux esclave, & toute notre conduite tend à lui prouver qu'il est son maître le plus absolu, & c'est cette espèce de politesse, cette odieuse hypocrisie que nous avons décoré du beau titre de *galanterie; galanterie*, tissu de mensonges, chef - d'œuvre d'imposture, que nous regardons comme une de nos principales qualités, j'ignore si on doit te placer dans la classe des vertus ou des vices! car c'est en actions & non pas en paroles qu'il faudrait que tu existasses. Mais ne déclamons pas contre cette apparence de vertu, déjà nous l'avons en partie rejetée comme un masque inutile & fatigant; bientôt il n'en existera gueres que le souvenir. Est-ce pour l'avantage de la femme que ce changemeut s'opère? C'est à nos jeunes & francs *cavaliers* qui introduisent des formes qui contrastent si bien avec toutes celles mises en usage par nos

---

(1) Et sous ce titre je comprend la lecture des *romans* qui fait une si grande & si essentielle partie de l'éducation de la plupart de nos demoiselles, quand elle ne la constitue pas exclusivement.

léger

légers & *anciens petits maîtres* & par nos
tendres & plus anciens chevaliers, qu'il appartient de décider cette question. Laissons les, par
leur conduite, dévoiler les secrets de leur âme :
en se montrant d'abord tels qu'ils doivent être
toujours, ce n'est plus à eux, c'est à la nature
que la femme aura des reproches à adresser ;
& il faut en convenir, si elle peut être fondée
à le faire, c'est particulièrement pour ce qui
regarde l'époque de sa vie, dont nous nous occupons actuellement : prouvons le en commençant
par quelques considérations sur son état physique,
lorsqu'elle est parvenue à cette même époque.

Quelle métamorphose ! quelle affreuse métamorphose vient de s'opérer dans ces traits délicats, dans cette agréable & vive coloration,
dans ces formes séduisantes, dans ces contours
si bien dessinés, dans cette taille svelte, élégante, dans cette démarche facile, pleine de
graces, dans ce son de voix enchanteur !!!
Est-ce bien là cette attrayante beauté qui, nagueres, se voyait l'objet de tant de vœux, la divinité pour laquelle on brûlait tant d'encens !
Quelques années de plus, & les vœux ont été re-
tirés, l'idole, les autels renversés, & de l'encens, il n'est resté que la fumée. Mais puisque
c'est à la beauté seule que tous ces honneurs étaient

F f

rendus, la femme n'a pas à se plaindre de ne plus les recevoir, tant elle est différente d'elle-même, tant la longue vieillesse qui lui est préparée, dès son approche a fait de ravages dans toute sa personne ! & l'on ne peut disconvenir que ces ravages ne soient bien plus considérables, bien plus rapides, n'entraînent après eux bien plus de désagrémens, bien plus d'incommodités chez elle, que chez l'homme.

Pour lui d'abord, la vieillesse est bien plus tardive, & quand elle commence à paraître, elle est bien plus lente dans ses effets, qui d'ailleurs ne sont en aucun point, comparables à ceux qu'elle produit dans l'état physique de la femme. Celle-ci, à la vérité, l'a précédé dans la carrière des jouissances, par son plus prompt développement ; mais cette différence est si peu de chose, que ce qu'on aurait pu regarder comme un avantage, tourne encore contre elle par l'extrême précocité avec laquelle elle se trouve sous ce rapport mise hors de rang par la nature, & surtout par l'homme, qui devance toujours la nature dans le mal, & ne la suit jamais dans le bien. Aussi regarde-t-on comme un phénomène extraordinaire la femme qui survit à ce désastre général de son sexe, opéré par deux causes si puissantes, la volonté de l'homme & la marche de la nature

car nul doute que la mollesse, la délicatesse nà-
turelles des parties de la femme, ne contribuent
pour beaucoup à cet affaissement, à cette *dé-
formation* si grande & si rapide qu'elles éprouvent, & d'où résulte un changement que les dé-
goûts anticipés de l'homme, lui laissent rarement attendre. Aussi les amers chagrins dont
toute la vie de sa compagne doit être parsemée,
mais qui jusques-là avaient pu être par fois un peu
adoucis par les intermèdes de *l'amour, de l'a-
mour propre,* de la gaîté naturelle, *de la tendresse maternelle,* &c., deviennent alors l'unique
source, l'unique aliment de toutes ses sensations, &
influent manifestement sur tout ce qu'elle dit &
tout ce qu'elle fait; d'où il suit que tous les de-
sagrémens, tous les travers de la vieillesse sont
bien plus marqués chez elle, & en même tems,
on veut nullement appercevoir en elle les bonnes qualités qui les rachètent ordinairement.
Pour en être convaincu, c'est sous le point de
vue moral qu'il faut maintenant reprendre la
question qui alors, se divise d'elle-même en deux
parties; celle où la femme est considérée par rapport à l'homme en particulier, & celle où la
femme est considérée par rapport à la société
en général.

De la promptitude avec laquelle la femme

F f 2

vieillir, de la rapidité chez elle des effets de la vieillesse, naît pour elle une foule d'inconvéniens; c'est ainsi qu'on est forcé de se hâter de la marier, parce que, malgré tout ce qu'on pourra faire, une des principales parties de la dot sera toujours la fraîcheur de la jeunesse & l'éclat de la beauté; cela est déjà la source de bien des maux, mais qui ne sont cependant pas, d'après l'opinion établie à cet égard, comparables au hasard de rester *fille*, de devenir *vieille fille*; tout le monde sait à quelle époque cette singulière caducité commence; caducité purement morale, & qui n'existe pas pour l'homme : autre & bien grand avantage qui fait qu'il n'a pas besoin de son association avec la femme pour avoir un rang dans le monde, tandis que le sort de la femme dépend, non-seulement de l'homme qu'elle épouse, mais du fait même du mariage, & un peu de l'époque à laquelle elle le contracte. Une demoiselle est réputée *vieille* & n'est presque plus considérée ou recherchée dans la société, quand son frère aîné est encore regardé comme un jeune homme.

La parité, la parfaite égalité d'âge, disposition qui plaît tant à la femme dans son union avec l'homme, & qui paraît si bien vue d'abord, devient bientôt une extrême disparité, qui lui attire des maux qu'elle n'aurait peut-être pas connus, sans cette défavorable circonstance. Indépendamment de cet inconvénient pour celles qui prennent un époux dans un rapport d'âge, si égal en apparence, mais réellement inégal, ajoutez que l'idée d'une association de cette espèce est une des principales causes qui multiplient tant, parmi le beau sexe, les infortunées victimes d'une passion malheureuse ; car de tous les jeunes gens de dix - huit à vingt - cinq ans, (ce qui est l'âge ordinaire du mariage des femmes parmi nous) qui s'avisent de vouloir *faire les hommes*, il n'y en a pas un vingtième qui veulent ou qui peuvent se marier à cette époque ; & dans le nombre des autres il y en a bien moins encore, qui, alors qu'ils veulent se fixer, épousent celles à qui ils en ont conté pendant ces sept années, eussent-ils été d'abord de bonne-foi. Aussi avait-elle quelque chose de très-sage, cette loi en vigueur chez certain peuple, qui voulait que la femme fut moins âgée que son époux. On ne trouve pas du tout étonnant qu'un homme ne se marie qu'après avoir atteint trente & même trente-six ans ; cependant presque toujours il épouse une femme aussi jeune que celle qu'il eut choisie en se mariant à vingt - cinq ans ; mais à cette époque il a déjà vu deux générations de femmes (1), c'est-à-dire celles qui brillaient dans la société quand il y est entré, & celles qui y sont entrées avec lui. Ce n'est pas dans les premières qu'il choisit : elles ont cédé la place aux secondes qui, elles-mêmes, se retirent alors devant celles que cet homme croyait avoir laissé bien loin derrière lui; & il est tout étonné de pouvoir adresser ses hommages & ses vœux, (quelque soit son but ultérieur) à la personne qu'il traitait naguères avec toute la familiarité qu'on se permet avec les enfans. Cependant il a toute l'expérience que l'homme peut acquérir par le commerce des femmes, contre les femmes mêmes; qu'on juge alors, si son intention est de séduire, avec quel avantage il se présente dans l'arène. Maintenant si on observe que le même raisonnement peut être applicable à l'homme de trente-six à quarante ans révolus, on verra qu'il n'est plus étonnant qu'une partie des jeunes personnes qui, en entrant dans le monde, sont victimes de leur confiance, de leur crédulité, & j'ose le dire,

---

(1) Il est inutile, surtout d'après ce que je viens de dire dans la page précédente, d'expliquer ici le sens que je donne à cette expression, lequel se rapporte à l'espace de tems pendant lequel la femme se montre avec avantage & est vue avec plaisir dans la société.

de leur innocence même, soient trompées par des hommes d'un âge bien au-dessus du leur & qu'on peut appeler vieux, par rapport à elles, mais qui ne le sont réellement pas, sur tout si on les place à côté des femmes qui sont leurs contemporaines. Ainsi l'homme relativement à l'existence sexuelle voit, positivement parlant, trois ou quatre *générations* de femmes. Ce n'est pas ce que veut la nature (1), quoiqu'elle ait bien certainement conservé beaucoup plus long-tems la faculté fécondante au sexe mâle, qu'au sexe opposé la faculté génitale ; car on a des exemples assez communs de vieillards très-avancés en âge, qui, épousant de très-jeunes femmes, s'ils n'ont pu se flatter de satisfaire à toute l'étendue des devoirs conjugaux, ont pu faire assez pour obtenir un *benjamin* & mériter le doux

------

(1) Mais c'est ce que veut l'homme. Il ne peut se persuader que la beauté qu'il a vu hier existe encore aujourd'hui, & à force de la comparer à une fleur, prenant à la lettre la comparaison, il s'est imaginé qu'elle ne devait avoir qu'une existence absolument éphémère. C'est ainsi que les poètes & les menteurs de profession, gens qu'il est bien permis d'accoler, finissent par regarder comme des vérités démontrées, les unes ce qu'ils vous chantent, les autres ce qu'ils vous content.

titre de père. Il n'en est pas de même pour la femme. On sait dans quel étroit espace naturel est circonscrit le tems pendant lequel elle peut devenir mère ; & si nous n'allons pas, ainsi que cela a été fait dans diverses contrées, jusqu'à l'abréger par la loi ou la coutume; si nous ne le désignons pas comme le terme après lequel l'homme a le droit tantôt d'abandonner son épouse pour en prendre une nouvelle, tantôt de la vendre, s'il le peut, pour s'aider à en acheter une plus jeune; si alors nous ne forçons pas la femme de vivre dans la plus rigoureuse continence, sous *peine de mort*, ou ce qui est bien opposé, si parmi nous il n'y a pas lieu à l'affranchir, par dérision, de la punition établie contre les femmes qui, dans l'âge de la fécondité, pourraient volontairement garder le célibat, &c. ; du moins trouvons-nous la femme âgée qui se marie & qui prend un époux d'un âge inférieur au sien, bien plus ridicule que l'homme dont le mariage offre la même inconvenance, laquelle d'ailleurs ne se remarque, par rapport à celui-ci, que quand elle se trouve extrême. Je ne crois cependant pas que cet avantage soit l'effet d'une prédilection de la nature pour lui, ainsi qu'il le présume dans l'excès de son amour-propre, mais du peu qu'il a à faire dans l'acte de la génération. Comme la femme devait en supporter tout le poids, toute la fatigue & tous les inconvéniens en même tems qu'elle est la plus faible, il paraissait bien juste & même essentiel qu'elle se reposât plutôt; & cette nouvelle attention de la nature est encore devenue, aux yeux de l'homme, une imperfection pour la femme. Mais la nature n'a-t-elle pas commis une faute en chargeant, comme je viens de le dire, l'être le plus faible, de tout le poids, de toute la fatigue & de tous les inconvéniens de la fonction générative? Si cela eut été l'apanage du plus fort, comme la raison & la justice sembleraient le demander, & qu'il eut eu le plus à souffrir dans l'acte de la propagation, il aurait constamment repoussé le plus faible & l'espèce aurait péri.

Par rapport à la société en général, l'état de la femme âgée est encore plus fâcheux, s'il est possible, que par rapport à l'homme en particulier. Nous tâcherons d'abréger davantage les détails, parce qu'ils ne présentent aucun côté satisfaisant. L'homme avance en âge & en même tems son rôle social s'embellit, s'aggrandit; les jouissances qu'il lui procure se multiplient; la considération qu'il lui attire s'augmente, & quand l'extrême vieillesse a usé toutes ses facultés, son grand âge, ses cheveux blancs, sa tête à demichauve, son front courbé inspirent de la vénération : & toujours & par tout les vieillards ont été respectés.

La femme avance en âge, & en même tems tout la fuit, tout l'abandonne, tout son crédit, toute son influence cesse. Elle peut alors calculer au juste la valeur, connaître le but de ces hommages, de ces adorations dont elle a été, pour ainsi dire, accablée un moment ; & si elle n'a pas en sa possession quelques moyens relatifs ou indirects de s'attacher, ou pour parler mieux, d'attirer auprès d'elle des intéressés d'un autre genre que ceux qui l'ont environné jusqu'alors, elle se trouve dans un vide, dans un abandon absolu, & d'autant plus cruel, plus insupportable, qu'elle aura été plus belle, parce que n'ayant pu prévoir ni supposer la possibilité d'un tel événement, elle a négligé tous les moyens accessoires qui pourraient adoucir l'horreur de sa situation. Mais pour ne la considérer qu'en général, son *organisation* ou *constitution* physique & morale, dont nous avons vu la faiblesse faire le caractère principal, la perte du seul des moyens qu'elle eut de tromper l'ennui, de remplir le tems de son existence, quand la même perte en laisse une foule d'autres à l'homme & lui permet de les employer avec plus d'activité,

tout contribue non-seulement à faire comme je
l'ai dit, davantage ressortir, mais à hâter, mais à
multiplier en elle les vices, les défauts, les inconvéniens, les incommodités de la vieillesse,
d'où il suit que toujours & par tout les femmes
âgées ont été méprisées; le mot qui les désigne est
devenu une insulte, quand celui de vieillard est
un titre honorable; & jusques dans les rôles respec
tifs que les poètes & les romanciers attribuent aux
uns & aux autres, tout ce qu'il y a de vile, d'humiliant, de désagréable, *une vieille* en est chargée
& il est rare que l'opposé ne soit pas le partage
d'un vieillard. Ainsi, les derniers momens de
l'existence de la femme, loin de démentir tout
ce que j'ai dit de sa triste condition, en sont la
dernière & non pas la plus faible preuve. Que
dis-je, la dernière! certes je m'abuse, & si je
voulais la suivre au-delà du terme fatal toujours
redouté, lors même qu'il est le plus ardemment
& le plus sincèrement desiré, il me serait facile
de démontrer que *la tombe*, qui semble tout
égaler, est insuffisante pour faire disparaître toutes
les différences qui séparent l'homme de la femme:
quand celle-ci veut partager cette prérogative
qui flatte le plus l'orgeuil de l'homme, l'avantage
de vivre dans la mémoire des âges futurs, de
laisser après soi des monumens éternels d'une

existence d'un jour, prérogative qui est un des principaux mobile de sa conduite , & qu'il a encore voulu s'arroger presqu'exclusivement, ce n'est presque toujours qu'en faisant le sacrifice de son sexe que la femme peut essayer de prendre quelqu'une des voies incertaines, à l'aide desquelles chacun se croit si sûr d'arriver à ce but tant desiré & si rarement atteint. Mais bien loin que l'homme aye égard à un abandon qui devrait flatter son *amour-propre,* il le regarde comme un nouvel attentat, & prend delà occasion de juger les femmes, non pas seulement avec plus de sévérité qu'il ne conviendrait d'en mettre d'homme à homme ; mais avec une partialité révoltante & manifestée par tout ce que l'envie, l'aigreur , &c. ont de plus bas, de plus piquant, &c. : car ainsi sont traitées celles qui cherchent à se distinguer dans la littérature & les arts..

C'en est assez : rappellons-nous que nous n'avons entrepris qu'un essai & seulement pour obéir aux circonstances. Arrêtons - nous donc ici, & concluons avec ceux de nos lecteurs qui en conviendront de bonne-foi, ou pour ceux qui ne voudront pas en convenir, que de tous les êtres dont l'espèce offre deux individus, la femme est le plus faible, le plus sensible, le plus esclave, le plus tyrannisé, & par conséquent, le plus maleureux.

Que devrait-elle donc faire pour adoucir l'excessive rigueur de son sort ? Faudra-t-il que ce sexe, dont la douceur fait le plus beau, le plus précieux apanage, se mette en insurrection ouverte contre son oppresseur ? A dieu ne plaise, que je lui donne un semblable conseil, Hercule, domptant seul toutes les Amazones, indique assez clairement combien il lui serait inutile & même préjudiciable ; la nature ne lui a pas donné assez de force pour résister à la force de l'homme ; & même beaucoup d'épouses, trompées par une éducation essentiellement vicieuse, se croyant égales ou supérieures à l'homme, ne sont si malheureuses, que parce qu'elles veulent lui résister ouvertement. Non, non, ce n'est pas ainsi qu'il faut en agir avec un être qui veut que tout fléchisse devant lui. C'est par une patience sans borne que la femme doit lasser son opiniâtreté à la persécuter :

Vince obsequendo potius immitem virum.

Et qu'à chaque excès nouveau commis envers vous, vos actions lui fassent cette réponse,

Quo plura possis, plura patienter feram.

Tels sont les seuls conseils qu'il serait permis de donner au beau sexe, si sa conduite prouvait qu'ils lui fussent nécessaires.

C'est l'homme qui en aurait besoin, c'est à lui qu'il faudrait en offrir ; mais les suivrait-il, lors même qu'il ne serait pas de son intérêt actuel de maintenir le mal qu'il était de son intérêt de ne pas commencer ? Quoiqu'il en soit maintenant, & quoiqu'il en puisse jamais arriver, toujours reste-t-il bien prouvé que s'il y a quelque réforme à faire dans la conduite réciproque des deux sexes, c'est du côté de l'homme qu'elle doit commencer. Jusques-là toutes les plaintes qu'il pourra porter contre la femme, ne seront, comme elles n'ont été jusques à présent, que des déclamations ridicules, ou des railleries insultantes.

FIN.